U0652545

大数据技术系列丛书

教育训练大数据分析与评估

主　编　张所娟

副主编　郝文宁　陈　刚

西安电子科技大学出版社

内 容 简 介

本书依托认知心理学、教育测量学等理论，提出了以认知诊断为核心的分析评估方法，该分析评估方法是教育与数据科学跨学科研究与实践的成果。同时，本书聚焦面向学习任务的教育场景，深入探讨了认知诊断相关方法，以支撑教育训练过程的分析与评估。

本书共分 6 章，第 1 章总体概述了本书的研究内容与主要贡献；第 2 章阐述了本书相关研究工作所需要的基础知识和现有模型的研究概况；第 3 章介绍了面向学习任务的知识关联建模，聚焦知识关联关系的量化建模方法，证明了知识关联关系对于认知诊断的影响；第 4 章利用知识关联关系信息构建了面向认知诊断的知识聚合方法；第 5 章提出了融合知识关联关系的认知诊断深度模型，实现了认知诊断模型自身参数以及知识权重等参数的统一学习；第 6 章是总结与展望。

本书可以为高等院校计算机专业、教育技术专业本科生或研究生从事智慧教育训练分析评估方面的研究提供指导，也可以为从事教育训练研究的相关人员提供参考。

图书在版编目(CIP)数据

教育训练大数据分析与评估/张所娟主编. —西安：西安电子科技大学出版社，2023.7
ISBN 978 - 7 - 5606 - 6875 - 8

Ⅰ. ①教…　Ⅱ. ①张…　Ⅲ. ①教育技术—数据管理　Ⅳ. ①G434

中国国家版本馆 CIP 数据核字(2023)第 065960 号

策　　划　戚文艳　李鹏飞
责任编辑　戚文艳
出版发行　西安电子科技大学出版社(西安市太白南路 2 号)
电　　话　(029)88202421　88201467　　邮　编　710071
网　　址　www. xduph. com　　　　电子邮箱　xdupfxb001@163. com
经　　销　新华书店
印刷单位　咸阳华盛印务有限责任公司
版　　次　2023 年 7 月第 1 版　2023 年 7 月第 1 次印刷
开　　本　787 毫米×1092 毫米　1/16　印张　7
字　　数　138 千字
印　　数　1～2000 册
定　　价　25.00 元
ISBN 978 - 7 - 5606 - 6875 - 8/G

XDUP 7177001 - 1

＊＊＊ 如有印装问题可调换 ＊＊＊

前　　言

　　教育数据挖掘是当前数据工程、大数据与人工智能等众多领域的前沿研究方向。作为教育数据挖掘的一个分支，教育训练数据的分析与评估旨在通过分析教育训练过程中产生的数据来评估学习者在学习训练过程中的状态或具备的能力，为实现精准学习、精准训练奠定基础。本书在现有认知诊断模型的基础上，聚焦面向学习任务的教育场景，充分考虑面向学习任务的知识关联关系，开展认知诊断方法研究，从而支撑教育训练过程的分析与评估。本书内容所涉及的工作是教育与数据科学跨学科研究与实践的一次有益尝试。

　　2020 年以来，为了应对疫情危机，在线学习广泛开展，在此过程中产生了大量的学习数据，这为教育训练数据的分析与评估研究提供了更多的现实应用场景。本书将教育训练数据的分析与评估聚焦于面向学习者能力评估的认知诊断方法研究，探索通过分析学习者相关学习过程的数据，挖掘出知识掌握程度（认知状态）的智能评测方法。认知诊断方法是实现个性化学习乃至智能教育中"因材施教"目标的基石，相关的研究成果也逐步应用于面向基础教育、高等教育的在线学习场景。因此，从认知诊断方法的视角研究教育训练数据的分析与评估具有重要的意义与应用价值。面向学习任务的场景普遍存在于基础教育、高等教育乃至军事教育等多种类型的教育场景，在这些教育场景中往往需要表达并利用知识间的关联关系，以建立更加有效的认知诊断模型。现有的认知诊断研究将学习任务中各知识对于正确作答的影响视为同等重要，而未考虑知识的协调综合的影响，即认知诊断模型忽视了学习任务本身的知识关联关系，从而影响了认知诊断结果的准确性。本书针对如何建模面向学习任务的知识关联关系及强度，如何构建更具泛化性的认知诊断聚合方式，以及如何建立深度神经网络实现认知诊断模型参数的统一学习这三方面挑战，分别阐述了知识关联建模、知识聚合方法以及认知诊断模型参数学习等方面的研究思路，为认知诊断模型向学习任务场景的应用拓展提供了有价值的理论与方法基础。本书针对以下三个方面的问题，提出了独创性的解决方案。

　　（1）针对面向学习任务的知识关联建模复杂的问题，在划分知识关联类型的基础上，提出了基于模糊测度的知识关联建模（KRFM）方法。首先，应用该方法实现了知识的关联关系量化表征，同时给出了模糊测度的两种计算方法；然后，详细阐述了面向学习任务的知识全局重要度以及两两知识间的交互指标计算的实现算法，接着围绕认知诊断这一应用需求，分析了知识关联嵌入认知诊断过程的方式；最后，采用合成数据集和公开数据集，对所提出的方法在学习表现评估和知识关联预测等任务上开展实验与分析，结果验证了KRFM 方法的可行性和有效性。

　　（2）针对现有认知诊断模型聚合方式泛化性弱的问题，提出了基于 Sugeno 积分的知识聚合（SI-GAM）方法。该方法不仅实现了知识关联的融合，还建立了知识聚合函数的表达形式。具体而言，首先，用 SI-GAM 方法实现了知识权重和聚合函数的联合表征；然后，将 SI-GAM 方法与现有聚合方法比较，推导证明了该方法的泛化能力；最后，进一步论证了 SI-GAM 方法在处理认知诊断多策略问题上的优势。本书分别在合成数据集和公开数据集上的学习表现预测和参数敏感性实验方面证实了 SI-GAM 方法的有效性和鲁棒性，并通过案例分析体现了 SI-GAM 方法的解释性。

（3）针对融合知识关联认知诊断深度模型参数统一学习难的问题，提出了基于模糊积分深度神经网络的认知诊断模型（CHI-CDM）。该模型实现了学习者认知状态与知识权重的统一表达。具体而言，首先，从学习者和学习任务两个维度构建了 CHI-CDM 框架；然后，提出了针对多个学习任务的知识权重学习算法以获得知识关联关系及强度，该算法针对的是考查知识点数量相同的学习任务场景；最后，利用模糊积分深度神经网络实现知识聚合，在刻画知识关联关系的基础上构建了认知诊断深度模型。实验详细描述了如何利用公开数据集和实际数据集对 CHI-CDM 开展分析以验证模型效果，同时展示了该模型在学习表现预测、认知状态诊断及知识关联表征等方面的应用。

本书在编写过程中，参考了相关资料，在此对相关文献的作者表示衷心的感谢。

由于编著水平有限，书中难免存在一些不足，敬请广大读者批评指正。

编　者

2023 年 2 月

目　　录

第 1 章 绪 论

1.1 研究背景与意义

随着云计算、物联网、移动通信等信息技术的快速发展，大数据已经逐渐渗透到各行各业，成为社会变革的重要驱动力量。大数据正在深刻地改变人类社会的发展，影响着人们生活、学习、工作的方方面面。世界发达国家相继发布了大数据国家战略，作为全球领跑者的美国在 2016 年发布了国家大数据战略性文件，提出了大数据战略，英国的"数据权"运动、法国的 Open Data Proxima Mobile 项目等也在大力推动大数据的发展与应用。在我国，大数据已上升为国家发展战略，通过大数据推动经济转型发展，建立数字强国。大数据的概念最早出现于 1997 年，意指难以用传统方法和工具分析的大量复杂数据。大数据具有体量大、种类多、速度快、易变性、真实性和价值密度低等六大特性。

2019 年 2 月，中共中央、国务院印发了《中国教育现代化 2035》，提出信息化时代教育变革的战略任务之一是利用现代技术加快推动人才培养模式改革，实现规模化教育与个性化培养的有机结合。2020 年的新冠疫情导致全球共有 15.8 亿名学生无法返校，195 个国家的学校被迫关闭。为了应对危机，全球教育系统纷纷制订和加强了远程在线学习策略。我国在疫情防控期间共有 103 万名教师在线开出了 107 万门课程，参加在线学习的大学生共计 1775 万人，合计 23 亿人次。此次超大规模的在线学习实践，让传统的教育面临前所未有的挑战。智能技术与教育深度融合，产生了大量的教育数据，也再次推动了教育数据挖掘的发展。北京师范大学的黄荣怀教授认为随着后疫情时代国内新冠疫情得到控制，在线教学从应急走向一种"新常态"。Talking Data 的相关报告[①]显示，与 2019 年 6 月相比，2020 年 3 月在线教育用户规模大涨近一倍。《中国在线教育行业研究报告（2020 年）》也显示，2020 年教育行业累积融资 1164 亿元，其中在线教育占比为 89%；2020 年在线教育行业整体线上化率升至 23%～25%，在线教育行业市场规模达 2573 亿元。2020 年，美国高等教育信息化协会发布的《地平线报告（教与学版）》在教与学应对举措中明确指出大数据是变革和颠覆教育的科学方法。在 2022 年最新发布的版本中，提到高等教育持续呈现蓬勃发展态势，学习分析技术

---

① 《疫情下的 2020 年移动互联网报告》，http://caijing.chinadaily.com.cn/a/202104/20/WS607e7dbea3101e7ce974a345.html。

和大数据技术的使用更加广泛，进一步促进了数据驱动下的智能教育发展。

然而，正如科技部于 2019 年发布的《智能教育创新应用发展报告》指出的，当前智能教育主要集中在复杂度较低的场景，如拍照搜题、分级阅读、智能题库、考情诊断等，这类应用工具属性明显。但在"评"和"管"环节，人工智能技术适配性和成熟度均较低，正处于从教学辅助阶段向价值创造阶段过渡的时期，尚未进入以自适应学习为代表的因材施教阶段。从平台建设来看，国际上的三大 MOOC 平台，即 Coursera、edX 和 Udacity，以及可汗学院、Knewton 等在线教育平台，国内包括中国大学 MOOC、学堂在线、科大讯飞智学网等一批智能教育平台，都处于快速发展的阶段。同时智慧校园、智慧教室的建设积累了大量的在线学习数据，也提供了相应的数据采集和统计分析功能，但与学习过程的融入还有待加强，在智能导学、学习评价、提供精准推送的教育服务等方面涉及不深，缺乏可操作性。

教育训练大数据作为大数据研究的一个重要方向，与教育训练应用的结合与日俱增，并不断深入影响学习训练，此类研究旨在根据教育环境中产生的数据，依托人工智能技术挖掘并反映学习者学习训练的过程、状态和效果，以便为学习者提供更为精准的学习服务，从而提升学习质量。目前教育数据挖掘已成为数据挖掘领域的一个重要研究方向，特别是疫情以来应对"停课不停学"的需求，各类在线学习平台逐渐兴起，产生了大量的学习与教育数据，为教育数据挖掘带来了新的发展机遇。作为教育数据挖掘的一个重要分支，数据驱动的认知诊断是个性化学习乃至智能教育中"因材施教"目标实现的关键技术之一，因此，认知诊断方法的研究具有十分重要的意义。这里的教育训练大数据特指在教育训练领域中产生的大数据，如学习行为数据、训练行为数据等。其中，学习行为数据包括学习者在特定学习任务上的作答记录，涵盖了特定知识概念的学习任务数据；而训练行为数据则是针对学习者在特定训练任务上的训练成绩记录，涵盖了训练任务数据。教育训练大数据为精准分析学习训练行为、理解学习训练过程、提升学习训练绩效并提出干预措施和决策提供了巨大可能。

认知心理学的广义知识分类理论将知识划分为陈述性知识、程序性知识和策略性知识三大类。陈述性知识表示知道是什么，一般指概念、规律、原则等知识；程序性知识表示知道怎么做，即学习者在遇到新的问题时可以有选择地运用概念、规律、原则等知识，该类知识与认知技能直接联系；策略性知识是指如何学习、记忆或解决问题的一般方法，即知道为何、在何时、在何地使用特定的概念、规律、原则，该类知识是关于如何思考以及如何利用思维方法的知识。广义的知识观已经将（狭义）知识、技能与策略融为一体。这里的技能被纳入广义的知识范畴，由此拓展了知识概念的内涵和外延。此外，布鲁姆的教育目标分类方法中，将教育目标划分为认知领域、情感领域、动作技能领域。因此，无论是学习偏重认知还是训练偏重技能都可以广义地看作教育领域范畴内研究的问题，本书所探讨的关于教育训练领域学习的知识和训练的技能，可以统一用广义的知识表示进行描述，后续本书中不再区分教育训练数据。本书将从广义知识的角度，研究面向认知诊断的方法，针对学习训练领域产生的数据，开展分析评估，以获得知识掌握水平的识别诊断结果，并预测学习者的学习训练表现。

　　2018 年教育部提出的"高等学校人工智能创新行动计划"，高度重视利用人工智能技术监测教学过程、诊断学业水平、评估教学绩效，以期实现因材施教的目标。因材施教的前提是对学习者的学习能力的诊断，即通过甄别不同学习者的不同特质，然后才能施以个性化的"教"。由此可以看出，"因材"的技术实现是一项至关重要的技术，即实现对学习者的理解和学习水平或能力的评估。心理与教育领域将这种对学习者的理解和评估称为"认知诊断（Cognitive Diagnosis）"。认知诊断是基于学习者的学习数据（如答题记录）推断出其认知状态（如知识技能的掌握程度）的一种智能化评测技术，其研究始于心理与教育学领域。然而，早期由于缺乏在线教学平台支撑，大规模的学习数据难以获取，也缺乏相应的智能技术对数据进行智能分析，主要通过统计学方法开展实证研究，并不能真正用于实际教育场景。近年来，在线学习平台、大数据等技术的迅猛发展推动了教育数据的快速积累，为教育数据挖掘方面的研究提供了巨大的空间，数据驱动的认知诊断研究也取得了明显进展，代表性的工作包括模糊认知诊断模型、深度认知诊断模型等。认知诊断方法已涵盖了多个不同教育阶段，如基础教育、高等教育和职业教育等，并在一些面向基础教育等阶段的实际智能教育平台（如科大讯飞的智学网、猿题库等）投入了应用。

　　本质上讲，认知诊断是根据人的外在行为表现对其能力进行评估的方法。在军事教育领域，同样可以通过学员的学习、训练行为来分析诊断其学习训练能力，从而布置针对性的学习内容或训练计划。此外，还可以推广应用于更加广泛的非教育领域。例如，在岗位招聘中，根据投递的简历对应聘人做自动筛选，即对应聘人的过往行为进行分析后评估其是否具备岗位所需能力。再如，在涉及有多个用户参与的软件众测领域，测试质量高度依赖于每个参与测试的个体，通过对参与测试个体的历史测试行为数据进行分析（如测试人员在评测任务上的完成质量等），可以诊断其测试能力，从而根据诊断结果决定参与众测的群体范围。

　　本书研究面向学习任务的认知诊断方法，将知识协调综合的影响因素融入认知诊断模型中，充分利用知识间的关联关系以提高诊断的准确性。当代国际著名教学设计理论家冯曼利伯指出，在实际的任务情境中，需要将零散的知识进行整合与协调，从而表现出整体大于部分之和的特点，最终达成学习任务。实际上，"学习任务"是教育学领域的一个重要概念并有专门的研究，本书综合多个学者的观点将学习任务看作是需要综合多个知识共同作用解决具体问题的活动，学习者达成学习任务需要利用认知过程，并且任务的完成具有明确的结果。现有的认知诊断工作适用于强调对知识点的理解的相关应用场景，大多将同一学习任务中不同的知识视为同等重要，忽视面向学习任务的知识关联关系，不利于对学习任务的理解。然而即使是在中小学基础教育阶段，也存在一些不仅仅关注知识点理解，而是强调多个知识综合作用才能达成的学习任务场景。实际上，军队院校坚持为战育人的鲜明导向决定了面向学习任务的认知诊断方法在军事教育领域具有更普遍的需求。面向军事教育的学习，则因其为战而教的特性，要求军校教育培养的不仅是学员对各种形式化知识（如军事领域的条令条例、作战规则等）的掌握、理解，更要通过基于作战情境的学习任务培养学员根据战场态势作出处置、应变、决策的能力。由于学习场景的复杂性以及学习目标的多重性，知识点之间呈现不同的关联关系，不同学习任务中对知识点的运用掌握要求也不尽相同，比如坦克进攻方案的制定，在城市作战和平原开阔地区作战任务中，对路径规划和作战能力的要求就不完全相同。如何表达知识间的关联关系、构建适于学习任务场景表达的认知诊断方法，这对现有的认知诊断方法提出了挑战。

为此，本书针对现有认知诊断方法面对学习任务场景研究的不足，以解决"某大数据工程"项目对军事教育训练领域的智能分析与评测需求为背景，开展面向学习任务的认知诊断方法研究，将学习者作答信息、完成作答所需要的知识点及知识点间的关联进行统一考虑，支撑更加有效的评估诊断。本书研究所提出的面向学习任务的认知诊断方法更契合实际学习场景的应用需求，具有显著的研究意义和实际应用价值。

1.2 国内外研究现状

智能技术的发展给教育带来了深刻的影响，教育数据挖掘与教育的融合不断深化。迄今为止，已有众多学者在教育数据挖掘领域开展了大量工作，利用诸如神经网络、深度学习和贝叶斯网络等人工智能技术，在认知诊断、教育资源表征和学习推荐等诸多方面取得了较为丰硕的成果。2010 年，数据挖掘研究领域的国际顶级赛事 KDD CUP 竞赛首次以使用学习者在线答题记录预测学习者学习成绩为任务。2015 年，KDD CUP 竞赛再次使用教育数据对学习者在线学习退课表现进行预测。2020 年国际顶级会议 NeurIPS 首次举办了包括"诊断问题"在内的教育挑战赛，通过对学生答题记录进行分析，预测学生在新的试题上的答题情况。

教育数据挖掘的研究已受到人们的高度关注，并在多个方向取得显著进展。大数据与人工智能技术对教育带来了深刻的影响，教育新形态正在加速形成。"教育新基建"的实施推动了我国智能教育的应用场景不断拓展，智能教育与教育教学的融合不断深化。此外，智能教育的发展也已涵盖到基础教育、职业教育、普通高等教育等多个不同教育阶段。总体来看，教育数据挖掘的应用场景不断拓展，正逐渐向教育全场景赋能，由教学之外的管理场景转至与教学相关的核心环节。教与学过程中产生的数据，有力地支撑了对教学过程的分析挖掘及对学习结果的评估。从发展现状来看，目前智能技术与教育场景的融合应用催生了智慧校园、家校互动、智能监考、智能阅卷、智慧课堂、个性化推送等一系列的智能教育相关形态。教育应用场景总体上分为三类：一是教育核心场景，包括智能教学、智能学习等教学应用；二是次核心教育场景，包括智能考试、智能评测等考试与评价应用；三是外围教育场景，包括智能管理等管理应用。下面对教育数据挖掘领域国内外研究现状进行梳理，包括面向教育资源的表征与理解、面向自适应的学习推荐以及面向学习者能力评估的认知诊断三个方面，如图 1-1 所示。

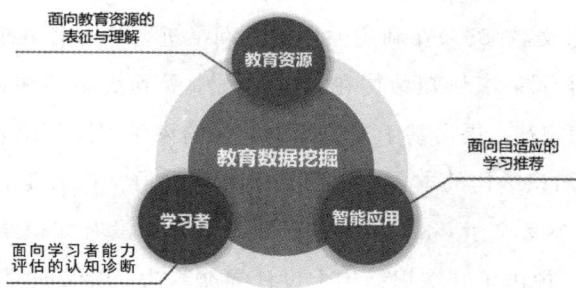

图 1-1 教育数据挖掘研究内容

1.2.1 面向教育资源的表征与理解

自动理解教育资源是教育数据挖掘的应用基础。教育资源一般包含图片、文本、视频等异构信息，这些多源异构的教育资源内在结构复杂且具有丰富的语义。然而，非结构化的数据不利于传统数据挖掘或机器学习方法的直接使用。为此，Y. Yin 等人（参考文献[42]）提出了多源异构教学资源的统一表征框架，利用无监督的预训练技术实现对海量无标签教学试题的深度理解和表征。教育资源通常与特定的教学目标相关，往往蕴含着丰富的语义信息，要考虑知识体系的逻辑特征，包括试题难度、考查知识点等。而传统自然语言理解、图像识别等方法难以捕捉这些特征。因此，相关学者围绕教学资源自动标注、自动解题、试题难度预测、相似试题判定以及公式图片识别等多个方向展开研究，如在知识结构多层依赖关系刻画的基础上，准确预测教学资源的属性特征。Y. Yin 等人（参考文献[47]）提出了转写模型，将图像中蕴含信息的字符转化为文本表示。还有的研究基于注意力机制建模题目的深层语义关联，解决语义复杂难以建模的问题，以及从异构数据中学习统一的语义表征进而在大规模教学资源中精准检索与目标试题相似的教学试题。L. Wang 等人（参考文献[50]）使用深度强化学习来解决算术应用题自动求解问题。Y. Fan 等人（参考文献[51]）则通过人工智能的方法提取试题特征，并对其进行分类，根据需求挑选组合，实现了自动组卷。

面对大量标记缺失的学习资源，探索无监督预训练表征框架，挖掘学习资源之间的隐含逻辑与知识关系，对于理解和表征多模态学习资源研究也具有重要的价值。

1.2.2 面向自适应的学习推荐

"因材施教"的一个重要任务是为学习者提供自适应的学习推荐服务。然而，由于教育场景多样、目标复杂等特点，学习推荐不同于一般的商品推荐，学习推荐是要为学习者匹配到最适合的学习资源或路径，以达到提升学习效率的目的。因此，难以直接应用传统的学习推荐技术。早期，研究者尝试将多种传统推荐技术（如基于协同过滤的推荐技术、深度推荐模型等）应用到个性化学习的推荐场景中。还有一些对传统技术改进后应用于自适应学习推荐问题。如 Z. A. Pardos 等人(参考文献[54])使用循环神经网络进行协同过滤推荐；而 W. Jiang 等人(参考文献[55])在利用循环神经网络进行学习者表现预测基础上结合对比筛选机制为学习者进行推荐。认知结构在推荐过程中受到更多关注，H. Zhu 等人(参考文献[56])基于一般认知规律，提出基于知识图谱的多约束学习路径推荐算法。而 Z. Yu 等人(参考文献[57])则在知识结构的本体上提出基于本体的语义内容推荐方法，用于上下文感知学习。Q. Liu 等人(参考文献[58])认为基于知识水平而没有知识结构的方法可能无法解决学习项目依赖问题，提出了在知识结构上设计导航算法，以保证学习路径逻辑性的方法。Z. Huang 等人(参考文献[59])则设计了融合多个学习目标同时满足知识结构约束的自适应推荐技术。未来进一步围绕多模态学习资源，从多个维度上理解其含义融合并统一表示，构建不同模态数据在知识层面上的关联，从而实现跨模态的学习资源推荐。

1.2.3　面向学习者能力评估的认知诊断

在智能技术与教育深度融合的背景下，作为教育数据挖掘重要分支的面向能力评估的认知诊断方法研究受到了来自教育学、心理学领域和计算机领域众多学者的关注，逐渐成为一个多学科交叉的研究方向，并广泛运用于教育、人力资源、临床医疗、体育、风险决策等领域，其中教育仍是认知诊断最重要的应用领域。典型的应用包括学习者认知状态诊断、学习表现预测、学习资源推荐、自适应测验等。

认知诊断研究源于心理与教育学理论，通过传统计量方法建立学习者作答反应数据与知识掌握程度之间的关系，由此设计开发了一系列适应不同学习场景的认知诊断模型，如项目反应理论 IRT 模型(Item Response Theory)、DINA 模型(The Deterministic Inputs, Noisy and Gate Model)等，并在此基础上发展了一系列拓展模型。这些工作为认知诊断的发展提供了丰富的理论依据，使得认知诊断模型具有良好的可解释性。但不同的认知诊断模型针对具体的应用场景，每种认知诊断模型对学习者的反应模式和属性之间的关系都做出了不同的假设。因此模型难以满足不同学习场景的适应性。在分析特定学习场景的作答数据时，选择不合适的认知诊断模型(模型错误指定)会影响诊断结果和参数估计的准确性。

随着学习数据的积累和计算能力的发展，基于数据驱动的研究方法逐步被引入诊断领域，将作答反应模式转换为分类问题。特别是，基于神经网络的研究及其强大的拟合能力成为认知诊断发展的重要方向之一。Y. Cui 等人(参考文献[69])讨论了神经网络在认知诊断 DINA 模型中的应用。Q. Guo 等人(参考文献[70])提出了用神经网络的方法估计学习者的知识掌握程度，相比 DINA 模型更准确地反映了知识的先决条件关系。同时深度前馈网络的半监督学习框被用于建立认知诊断模型。基于 GRU 神经网络的认知诊断模型被用来模拟学习者与练习的复杂交互过程。Q. Liu(参考文献[73])提出新一代认知诊断的概念，从机器学习角度开发了一系列认知诊断模型。如针对不同试题类型提出的模糊认知诊断模型、结合神经网络从异构数据中学习复杂的学习者与任务的神经认知诊断框架以及考虑问题与技能之间的内在关系的深度认知诊断模型等。为了更准确地诊断每个用户的认知状态，相关研究涉及技能之间的相互依赖、用户的上下文感知特征、用户响应之间的偏序和数据隐私问题。这些工作对于推动认知诊断技术的发展产生了积极作用。

知识追踪基于学习者的历史答题情况，跟踪学习者的知识状态变化，预测其在下一个练习的表现。早期的知识追踪模型依赖于一阶马尔可夫模型，如贝叶斯知识追踪（Bayesian Knowledge Tracing）。将深度学习的方法引入知识追踪的工作发表在 NeurIPS 2015 上，该研究首次提出了使用深度知识追踪（Deep Knowledge Tracing，DKT）的概念，利用 RNN 对学生的学习情况进行建模。尽管 DKT 能依据学习者的成绩数据得出知识点之间的关系，但 DKT 不具有教学的解释性，且依赖于庞大的数据。P. Chen 等人（参考文献[82]）将知识概念之间的先决关系纳入知识追踪模型，证明了先决条件在估计学生知识状态方面的有效性。更多的神经网络结构（如卷积神经网络、注意力机制等）被引入知识追踪，也取得了一定程度的效果提升。此外，P. Chen 等人（参考文献[87]）和 Z. Wang 等人（参考文献[88]）等人分别基于知识结构中的学习前后序和相似关系来增加知识追踪的效果和可解释性。Nakagawa 则提出了 GKT 模型（Graph-based Knowledge Tracing），通过在模型上进行的聚合更新操作来模拟知识之间的复杂关系。从总体研究趋势来看，知识追踪逐步向解决更加复杂的场景问题、更加细粒度的状态感知的方向发展。

综上可知，心理与教育学领域提出的传统诊断模型大多依赖人工方式进行诊断，仅利用学习者的作答记录数据进行分析，将导致捕捉学习者、学习任务和知识之间复杂关系的能力不足。实际上，在大数据与人工智能技术的支撑下，认知诊断的研究在多模态数据处理、交互关系捕捉、大规模评测等方面有所突破，在智能教育时代被赋予了更多的研究方向。目前，从总体来看，基于教育大数据驱动的认知诊断工作相对偏少，主要研究集中在中国科学技术大学等少数团队所开展的工作。这些工作为进一步提出契合传统教育数字化场景、新兴在线教育场景实际需求的认知诊断模型提供了很好的基础，在未来智能教育中应用前景广阔。

1.3 研究挑战

尽管目前认知诊断技术已取得一定的成果，但相关理论和技术难以直接应用于面向学习任务的场景。针对现有认知诊断方法在学习任务场景中应用所面临的困难，本书融合知识关联关系，以期更加有效地对学习者进行认知诊断。然而，要实现这一目标，需要解决下面三方面的挑战。

1.3.1　知识关联关系表征

如何建模面向学习任务的知识关联关系是研究面临的第一个挑战。认知诊断通过分析学习者在特定学习任务中的学习表现（如任务作答分数）来判断学习者对该学习任务对应的各个知识点的掌握程度。因此，将学习者的学习过程看作是综合运用多个知识点达成学习任务的过程。本书所讨论的知识关联是指完成任务所需的知识点或技能之间的关系。在大多数认知诊断模型中，将各知识点对于完成学习任务的影响视为等同重要。而实际上，由于学习目标的差异，以及知识点间存在的关联关系，使得每个知识点对学习任务的影响也不尽相同。学习过程中，某些知识点在解决问题时比其他知识点更为关键。也就是说，每个知识点的权重可能是不一样的。虽然，目前部分学者意识到需要考虑多知识间的相互影响，但现有的研究均是从知识自身的层次结构或者学科体系中的知识依赖关系来分析确定知识间的关联性，并未结合学习任务本身来建模知识关联。

如何建模面向学习任务的知识关联关系，确定关联关系的类型并量化关联强度是一个具有挑战的问题。一方面，知识关联关系往往是非线性的。这和合作游戏理论很相似，比如两个人联合的战斗力并不一定等于两个人单独的战斗力之和，可能增强也可能减弱。从认知心理学理论来看，知识间可能存在不同的知识关联关系。比如，学习西班牙语可以帮助母语为英语的学习者学习意大利语，其中某些知识、技能会起到积极作用。另一方面，之前大部分的研究工作将两两知识点的关系建模表征，通过知识对的方式来得到知识关联表征。但是这些工作忽略了知识集合间的关系。研究知识集合的关联，要考虑知识集合中存在的超集与子集间的约束关系。比如，某个知识集合的权重必然高于其子集的权重。受约束关系的影响，单知识点与其超集构成的知识集合间的关联强度变化等都需要在建模时考虑。知识集合关系的表征是建模时的另一个难点。因此，如何量化建模知识集合间的关联关系是本书研究工作的重点之一。

1.3.2　知识聚合泛化

如何利用知识关联关系构建更具泛化性的认知诊断聚合方式是研究面临的第二个挑战。学习任务的达成需要多个知识点共同作用，如何将多个知识点进行组合计算理想作答反应，是认知诊断模型中需要重点考虑的问题之一。现有认知诊断模型通常将多个知识之间的聚合方式划分为联结型和补偿型。联结型聚合方式意味着学习者需要掌握任务所考查的所有知识点，才能正确作答；而补偿型则认为学习者只要掌握了任务所考查的任何一个知识点，就有可能完成这项任务。现有的大多数模型遵循这两种聚合方式并定义了相应的聚合函数，如 DINA 模型采用联结型的方式聚合多个知识点，而 DINO 模型则采用了补偿型方式。但上述的基本假设过于理想化，与实际学习场景并不完全相符，是一种抽象简化后的表达。实际情况往往更加复杂，可能一部分知识点之间符合联结型的聚合方式，而另一部分知识点的聚合方式符合补偿型。若仅使用一种聚合方式，在一定程度上会影响模型的应用范围以及场景适应性。聚合方式的选择，与知识的关联关系类型有关，如何有效利用知识的关联关系，突破现有聚合方式的局限性，构建更具泛化性的认知诊断聚合方式是本书的一项重要工作。

另一方面，认知诊断中多策略问题也不可忽视。若一项学习任务可使用不同知识或知识集合来完成，那么该任务存在多个解决策略。若学习者使用了策略 A 来完成任务，却使用策略 B 相关的知识点来诊断，显然会导致诊断结果出现偏差。目前常用的方法是利用多个矩阵对多种解题策略进行表征，即每个矩阵对应一种策略所使用的知识点。但多个矩阵的提出，需由领域专家来确定，一方面基于专家经验的知识点定义方式可能是不完备的，另一方面标记需要由人工来完成，涉及大量的题目时，标注成本无法承受。如何在认知诊断模型聚合方式建立过程中考虑多策略问题也是本书的研究工作之一。

1.3.3　模型参数学习

如何建立深度神经网络实现认知诊断模型参数的统一学习是研究面临的第三个挑战。传统的认知诊断模型对学习者的认知水平诊断侧重于学习者特征的建模，较少考虑知识关联对于认知诊断的影响，融入知识关系的尝试有限，因此在现有的认知诊断框架中无法直接嵌入面向学习任务的知识关联信息。具体而言，认知诊断框架一般包括两个方面：学习者对各个知识点的掌握程度，即学习者的认知状态；学习任务表征。目前认知诊断模型大多由 Q 矩阵指定的知识点对学习任务进行表征，少量研究融合知识间的固有结构，无法表达更为复杂的学习任务特征，难以将知识关联关系的相关信息直接放入现有的认知诊断模型框架中，需要重新建立适于知识关联关系表达的认知诊断模型框架。在认知诊断模型中，知识权重参数学习是一个难点，与认知状态共同对诊断结果产生影响，需要同时学习认知状态和知识权重参数，这对模型的设计实现提出了更大的挑战。一方面充分利用深度神经网络强大的表示能力以实现知识权重指数级参数的学习，另一方面将学习者认知状态与知识权重的聚合函数通过深度神经网络的方式表达。因此，如何建立有效的深度神经网络实现融合知识关联的认知诊断模型的参数统一学习，也是本书面临的挑战之一。

1.4　研究内容与主要贡献

本书围绕面向认知诊断方法进行相关研究，对应的研究框架如图 1-2 所示。具体来说，认知诊断技术通过分析学习者在解决具体任务中的表现（如作答记录），挖掘其潜在的认知状态。针对认知诊断面临的知识关联关系建模复杂、认知诊断聚合方式泛化性弱以及融合知识关联的认知诊断模型的参数学习困难等研究的挑战，本书分别开展了面向学习任务的知识关联建模、面向认知诊断的知识聚合方法以及融合知识关联的认知诊断深度模型等三方面的研究，并在学习者学习表现预测、认知状态诊断、知识关联表征等任务上进行应用评测。

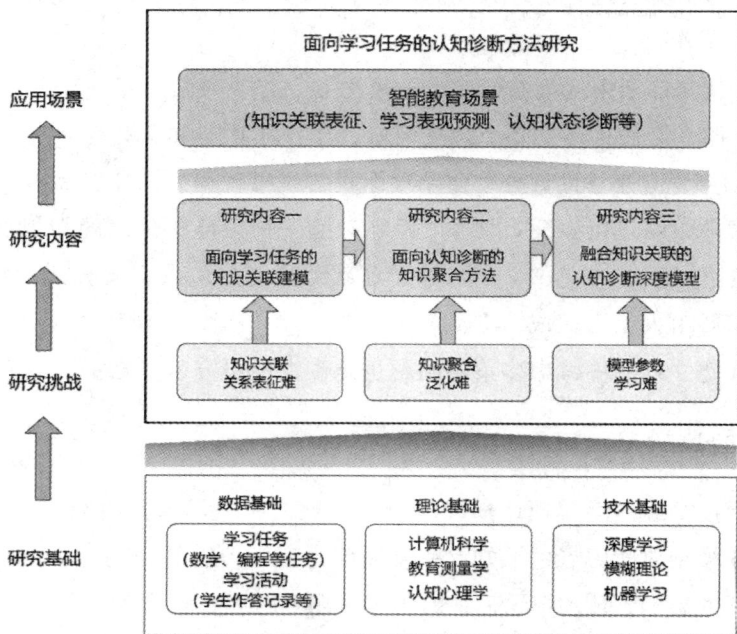

图 1-2　研究框架

本书融合知识关联关系，系统性地开展了面向学习任务的认知诊断方法及应用的探索性研究工作。具体地，本书的主要研究内容和贡献总结如下：

首先，针对学习任务带来的知识关联建模复杂的问题，本书提出了基于模糊测度的知识关联建模方法（KRFM），实现对考虑学习任务的知识关联关系的有效刻画。具体地，本书首先依据认知心理学理论，划分了三种类型的知识关联关系。进一步引入模糊测度的概念，提出了 KRFM 的建模方法，实现知识关联关系的量化表征，同时给出了模糊测度的两种计算方法。然后进一步延伸研究了面向学习任务的知识点的全局重要度以及两两知识间的交互指标实现算法。最后围绕认知诊断这一应用需求，讨论了知识关联嵌入认知诊断过程的方式。本书分别在合成数据集和公开的数据集上证实了知识关联对认知诊断的影响，同时在学习表现和知识关联预测任务上证明了 KRFM 建模方法的可行性和有效性，不仅有效提升了预测精度，也提供了更好的可解释性。

其次，针对现有认知诊断模型聚合方式泛化性弱的问题，提出了基于 Sugeno 积分的知识聚合方法（SI-GAM）。该方法不仅实现了知识关联的融合，还建立了知识聚合函数的表达形式。具体地，本书提出了基于模糊积分的聚合方法 SI-GAM 来实现知识权重和聚合函数的表征。特别地，在该聚合方法中，KRFM 建模的知识关联关系被作为知识权重确定的依据，结合知识掌握程度获得理想作答反应。进一步，本书将 SI-GAM 方法与现有聚合方式进行比较,推导证明了该方法的泛化能力。此外,本书进一步论证了 SI-GAM 方法与现有表达方式相比在处理认知诊断多策略问题上的优势。最后,本书利用合成数据集和公开数据集上的学习表现预测和参数敏感性实验证实了 SI-GAM 方法的有效性和鲁棒性,并通过多策略问题的案例分析体现了 SI-GAM 方法的解释性。

最后,针对融合知识关联认知诊断深度模型参数统一学习难的问题,提出基于模糊积分深度神经网络的认知诊断模型(CHI-CDM),实现学习者认知状态与知识权重的统一表达。具体地,结合认知诊断的一般过程,采用数据驱动的方式构建认知诊断深度模型,着力解决模型参数统一学习的问题。首先从学习者特征和学习任务两个维度构建了 CHI-CDM 模型框架,然后提出了针对多个学习任务的知识权重学习算法以获取知识关联关系及强度。该算法适用于考查知识点数量相同的学习任务场景。最后利用模糊积分深度神经网络实现知识聚合,在刻画知识关联关系的基础上构建认知诊断深度模型。本书利用公开数据集和实际数据集,对 CHI-CDM 模型开展实验分析以验证模型效果,同时展示了模型在学习表现预测、认知状态诊断及知识关联表征等方面的应用。

1.5　本书组织结构

本书共分 6 章,全书的组织结构如图 1-3 所示。

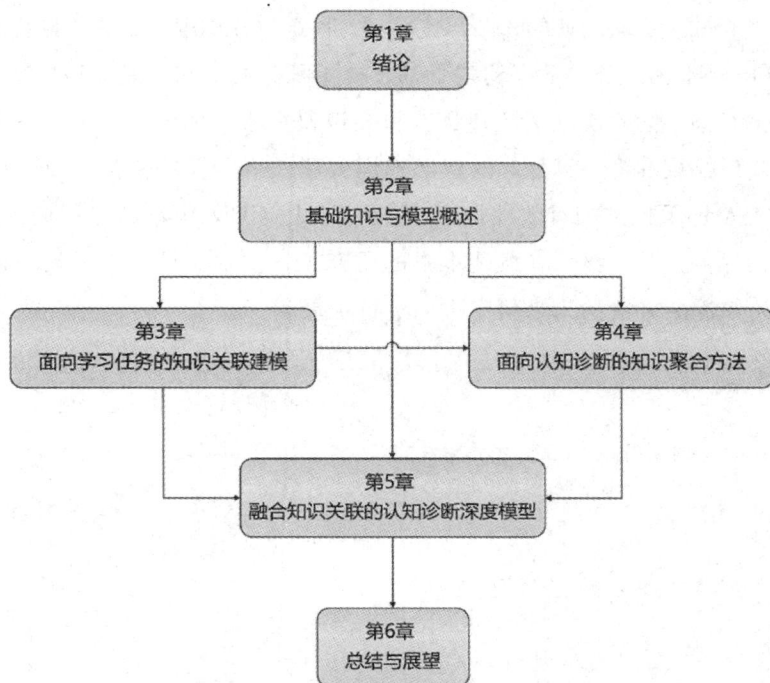

图 1-3　本书的组织结构

第 1 章为绪论。本章首先介绍了认知诊断方法的研究背景和意义，阐述了认知诊断方法对于教育场景的价值和意义。然后具体梳理了认知诊断研究所应对的挑战，阐述了文章的研究框架思路，并简要概述了本书所开展的研究内容以及组织结构。

第 2 章为基础知识与模型概述。首先介绍了研究认知诊断方法涉及的相关概念；梳理了具有代表性的认知诊断模型及其适用范围；其次，介绍了面向学习任务认知诊断的技术基础——模糊测度和模糊积分的相关知识；最后，介绍了深度神经网络在教育数据挖掘领域的应用。

第 3 章为面向学习任务的知识关联建模。首先对现有的知识关联建模工作进行阐述，分析了现有工作的不足。接着，依据认知心理学的研究，划分了面向学习任务的知识关联关系类型，并提出了一种基于模糊测度的 KRFM 方法来量化建模知识的关联关系，讨论了知识关联的实际应用场景。同时，进一步利用 KRFM 的建模方法来研究面向学习任务的知识全局重要度和交互指标。最后，在合成数据集和真实数据集上，分别验证了该方法的有效性和可行性。

第 4 章为面向认知诊断的知识聚合方法。本章首先提出了融合知识关联信息建立泛化性更强的 SI - GAM 聚合方法。进一步推导证明了该方法对于现有聚合方式的表达能力。同时本书还探讨了 SI - GAM 聚合方法在处理多策略问题时的优势，可替代现有多策略的处理方法。最后在不同的数据集上评估了该方法的有效性，通过实例分析凸显了聚合方法在学习场景中的可解释性。

第 5 章为融合知识关联的认知诊断深度模型。本章在分析现有认知诊断深度模型的基础上，从学习者和学习任务两个方面，构建了基于模糊积分的认知诊断模型框架（CHI - CDM）来融合知识关联信息，同时实现了认知状态和知识权重参数的学习。重点考虑知识集合的约束，提出了知识权重的学习算法，以获取知识关联关系和关联强度。最后在公开数据集和实际数据集上验证了模型的有效性，并讨论了 CHI - CDM 模型的应用场景。

第 6 章为总结与展望。该章在概述本书的研究工作之后，对主要贡献与创新点进行了总结，最后对认知诊断方法的未来研究方向进行了展望。

第 2 章　基础知识与模型概述

如绪论中所述，本书重点面向学习任务研究认知诊断方法，为此将针对知识关联关系建模、认知诊断中的聚合方式及融合知识关联的认知诊断模型的参数学习等挑战性问题展开研究。其中，知识关联关系的建模将引入模糊测度实现关系建模、认知诊断的聚合方法的研究中，利用模糊积分实现知识聚合方法的构建，而融合知识关联的认知诊断深度模型的建立涉及深度神经网络模型。为便于对本书后续章节所做工作的理解，本章将对涉及的认知诊断相关概念、基本的认知诊断模型、模糊测度与模糊积分、深度神经网络等相关基础知识与模型分别进行介绍。

2.1　认知诊断相关概念

认知诊断利用学习者的作答行为数据，挖掘学习者潜在的认知状态（如知识掌握程度）。认知诊断作为许多相关教育场景应用的基础任务，在学习者的学习表现预测、学习资源个性化推荐、在线教育自适应学习、试题合理组卷等应用中有很重要的作用。

图 2-1 中两个学习者在 4 个学习任务上的总分均为 60 分，若仅依据分数无法区分不同学习个体间的差异，即使获得两个学习者在各学习任务上的表现（答对或者答错），也只能进行宏观地判别，无法判断学习者掌握了哪些知识技能，未掌握哪些知识技能以及掌握程度等信息。认知诊断方法中，首先通过 Q 矩阵确定被试项目（如试题）所考查的知识。根据学习者的不同作答反应，建立相应的诊断模型，从而推断出无法直接观测的学习者认知状态（如图 2-1 所示），由此分析学习者在领域内各个知识或能力方向上的优势和劣势，从

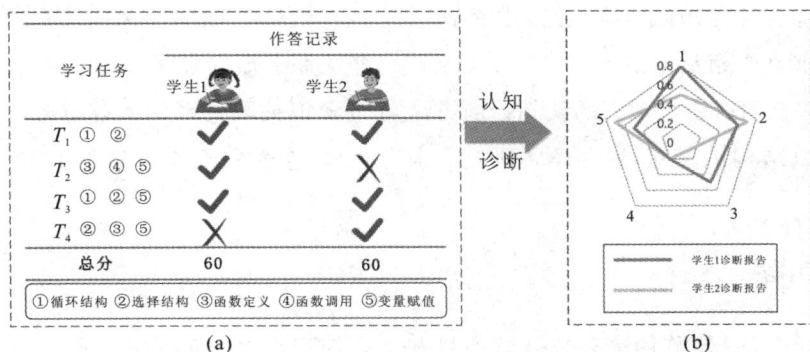

图 2-1　认知诊断示例

而有针对性地实施教学干预。具体来看,图 2-1(a)中部分输入学习者作答行为数据以及每项任务所考查的知识点,如学习任务 T_2 考查知识点 3,知识点 4 和知识点 5(函数定义、函数调用、变量赋值)。根据输入信息,经过认知诊断模型输出诊断结果(如图 2-1(b)所示)并形成学习者的诊断报告。学习者 1 被诊断为在知识点 3(函数定义)上的掌握程度为 0.7,而学习者 3 在知识点 2(选择结构)和知识点 5(变量赋值)上的掌握程度较好。

2.1.1　知识及知识的结构

认知诊断中将知识、技能等标志能力的概念统称为属性。具体来说,属性指的是影响人的外在行为表现的那些潜在的、内隐的心理特质。本书围绕学习任务场景展开研究,较多涉及知识的学习,因此统一采用知识(或知识点)这一概念进行描述。根据教育理论,知识概念通常不是单独存在的。知识之间存在不同的交互关系。Leighton 的研究提出了直线型、收敛型、发散型、无结构型等构成的属性层级结构(The Attribute Hierarchy Method,AHM),具体如图 2-2 所示。

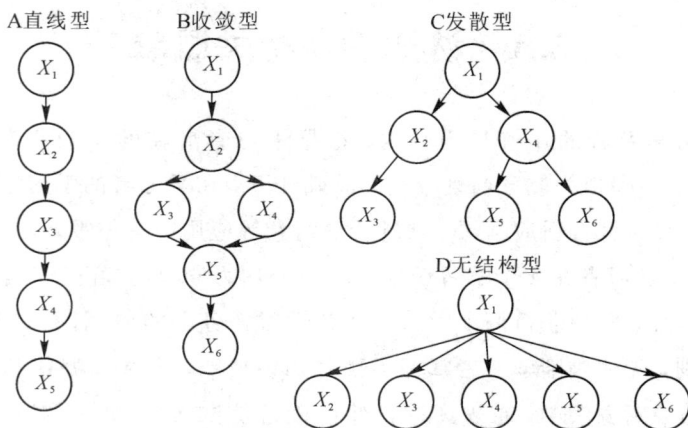

图 2-2　知识层级结构图

另外,从学科体系的观点来看,知识间的关系可以分为有向关系和无向关系。有向关系一般表示概念间的知识影响传播,如先决关系、补救关系。相反,无向关系通常表示概念之间的知识重叠或相互作用,例如相似关系与合作关系。知识之间丰富的关联关系已被证明会影响许多教育任务。现有的认知诊断方法对于知识关联关系的研究有限,且均是围绕上述两类知识结构的表征方法开展研究,未考虑特定学习任务场景下的知识关联关系表征。

2.1.2　Q 矩阵

认知诊断中,Q 矩阵用来表征被试项目和考查知识点之间的关系,通过一个二值元素组成的知识矩阵来表示特定项目(如学习任务、试题)考查了哪些知识点。假设某测验共考

察了 K 个知识点，包括 J 道试题，则知识矩阵为 $J \times K$ 阶的矩阵。矩阵中用 1 表示对应的试题考查对应的知识点，用 0 表示未考查，具体如公式（2－1）所示：

$$q_{jk} = \begin{cases} 1, & x_k \in X_j \\ 0, & x_k \notin X_j \end{cases} \tag{2-1}$$

其中，x_k 表示第 k 个知识点，X_j 表示第 j 道试题所考查知识点的集合，q_{jk} 为 Q 矩阵中对应取值。通常 Q 矩阵由领域专家来指定。举例来说（如图 2－3 所示），该测验包含了 4 道试题，试题 E_4 考查了"三角函数""函数性质""不等式"这三个知识点，未考查知识点"集合""函数图像""等式"；而试题 E_2 仅考查了"等式"这一知识属性。其他题目的解释亦然。

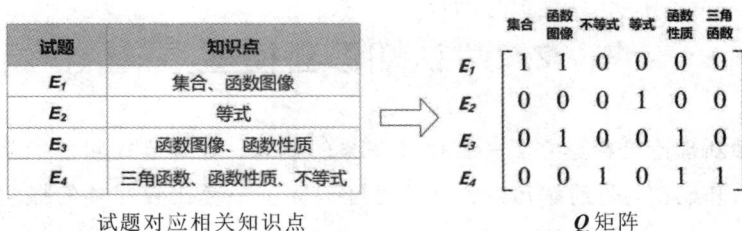

图 2－3　Q 矩阵示意图

2.1.3　作答反应模式

作答反应模式一般分为属性掌握模式、理想反应模式以及实际反应模式。

1. 属性掌握模式（Attribute Mastery Pattern，AMP）

属性掌握模式指的是理论上所有可能的属性掌握模式，如某试题考查 3 个知识点，若仅用 0 或 1 表示是否掌握，那么可能掌握模式有 $2^3 = 8$ 种，若掌握了知识点 x_1 和 x_2，未掌握知识点 x_3，则表示为[1 1 0]。本书研究的知识掌握程度对应的就是理想属性掌握模式中的一种情况。对于属性掌握模式，本书的研究中不仅仅简单划分为掌握或未掌握，而是考虑学习者对各个知识点的掌握程度，更加细粒度地表现学习者的认知状态，因此用知识掌握程度来表征属性掌握模式。

2. 理想反应模式（Ideal Response Pattern，IRP）

理想反应模式，也称为理想作答反应。学习者试题的作答过程中既不存在猜测也不存在失误的情况，也就是说，如果学习者掌握了该试题所需的所有知识，那么他就一定能答对。换句话说，理想作答反应是由学习者的知识掌握程度来决定的。

3. 实际反应模式（Observed Response Pattern，ORP）

实际反应模式是指观测的实际情况，即实际作答反应（如实际得分）。最简单的情况是答对记为 1，答错记为 0。举例来说，学习者 s_1 掌握试题 E_1 中的知识属性"集合""函数图像"，但实际作答的结果却是错误的，这可能是作答过程中出现了失误。或者学习者 s_2 未能掌握试题 E_1 中的知识属性"集合""函数图像"，但最终结果却正确，这可能存在猜测的情况。学习者 s_1 和 s_2 在试题 E_1 上的三种作答反应模式如表 2-1 所示。从表 2-1 中可以看出，理想反应模式（理想作答反应）由属性掌握模式（知识掌握程度）来决定，但理想反应模式与实际反应模式不一定相同。

表 2-1　三种作答反应模式

AMP		IRP	ORP
1	1	1	0
0	0	0	1

2.2　认知诊断模型

目前认知诊断理论已经建立了一套比较完整的概念、研究范式和技术路线，研究者也提出了众多的认知模型，目前认知诊断理论已经建立了一套比较完整的概念、研究范式和技术路线，经过三十多年的发展，其模型已经发展到超过百余种。无论哪种模型都试图通过表征学生潜在能力、试题的特征，以及试题所考查的属性与最终作答结果之间的逻辑关系，由此显式地表征学习者的知识状态。可以看出几乎所有的认知诊断方法都包括学生、试题、作答模式这三个部分，其合理性已被大量工作验证。不同的认知诊断模型具有其各自的特点和适用场景，研究者需要根据其特点（如计分方式、知识掌握程度，表达方式等）选择或者建构适当的认知诊断模型，认知诊断模型选择的合理性直接决定了认知诊断结果的准确性及有效性。接下来，将介绍几类具有代表性的认知诊断模型，从模型的适用范围、聚合方式梳理分析，为理解后续的研究工作提供基础。

2.2.1　统一模型

由斯托特、鲁索斯（Stout，Roussos 1995）等人提出的统一模型（Unified Model，UM）被认为是一个非常完备的模型。统一模型项目反应函数定义如下：

$$P(Y_{ji=1} \mid a_j, \theta_j) = d_i \prod_{k=1}^{K} \pi_{ik}^{a_{jk}q_{ik}} r_{ik}^{(1-a_{jk})q_{ik}} P_{C_i}(\theta_j) + (1-d_i)P_{b_j}(\theta_j) \qquad (2-2)$$

其中，$P(Y_{ij=1} \mid a_j, \theta_j)$ 表示认知状态为 a_j，潜在残余能力为 θ_j 的学生 j 答对第 i 题的概率。模型不仅考虑了 Q 矩阵中知识矩阵，还增加了潜在残余能力，用来解释 Q 矩阵之外可能测试到的知识属性。上式中，d_i 表示一个二值变量（只取 0 或 1），表示被试者的解题策略是否选择由专家确定的矩阵所界定的属性，这个变量用来刻画试题答题策略的多样性。通过以上一系列的参数，模型增强了对矩阵的完备性的描述，也体现出对于试题答题策略多样性的考虑。这也符合认知诊断评价理论的补偿性假设，具有更强的可解释性。但由于统一模型过于复杂，涉及参数众多，无法获得稳定一致的参数估计值，后续研究中未有学者在实际研究中使用。

2.2.2　项目反应理论模型

项目反应理论 IRT 模型是早期提出的一种认知诊断模型，应用也非常广泛。MIRT（Multidimensional IRT，MIRT）、DIRT（Deep IRT）等是在 IRT 模型基础之上发展而来的系列拓展。IRT 模型是基于试题层面进行建模，同时深入考查了题目的难度、区分度等特征。IRT 模型采用题目特征函数（Item Characteristic Function，ICF）来描述、预测被试者的潜在能力与被试作答反应间的关系：

$$P_{ij}(\theta_i) = \frac{1}{1 + e^{-Da_j(\theta_i - b_j)}} \qquad (2-3)$$

其中，D 为常数 1.7，θ_i 为第 i 个学习者的能力值，a_j 和 b_j 分别表示第 j 道试题的区分度、难度参数，$P_{ij}(\theta_i)$ 表示具备能力值为 θ_i 的学习者在第 j 题上作答正确的概率。而 MIRT 模型为测验中所涉及的每个维度引入能力和项目区分度参数，用来表达试题和学习者之间的交互作用。

2.2.3　DINA 模型

DINA 模型用更为简洁的参数来实现对于学习者认知状态的诊断。该模型能够较好地解释被试者的作答行为，同时涉及参数较少，因此受到较多研究者的关注，被认为是应用最为广泛的认知诊断模型之一。在 DINA 模型的基础上发展出了 HO-DINA（Higher-Order DINA）等一系列的拓展模型。相比其他模型，该系列模型的研究领域更为深入，也更为成熟。特别是在 DINA 模型的基础上开发的 G-DINA 模型、多策略 DINA 模型等，大大丰富了 DINA 模型在实践中的应用。DINA 模型采用二级计分的方式，作答得分取值为 0 或 1，0 表示错误作答，1 表示正确作答。该模型的项目反应函数定义如下：

$$P(x_{ij} = 1 | a_i, q_j, \eta_{ij}) = (1 - s_i)^{\eta_{ij}} g_j^{(1 - \eta_{ij})} \qquad (2-4)$$

上式表示学习者 i 在试题 j 上的正确作答概率，其中 x_{ij} 表示学习者 i 在试题 j 上的作答得分，s_i 和 g_j 分别表示题目的失误和猜测参数。模型根据 Q 矩阵中的知识点和知识掌握程度 α_i 计算相应的理想作答反应 η_{ij}，表示为学习者 i（知识状态为 α_i）在试题 j 上的理想作答情况（不考虑失误和猜测情况），其计算公式如下：

$$\eta_{ij} = \prod_{k=1}^{K} \alpha_{ik}^{q_{jk}} \qquad (2-5)$$

这里 q_{jk} 表示试题 j 是否考查了知识点 x_k，取值为 0 或 1。通过上式可以看到，只有当学习者掌握了题目考查的所有知识时，$\eta_{ij} = 1$。如果被试者未掌握其中任何一个属性将导致取值为 0。由此可以看出 DINA 模型是一种联结型模型，也就是知识点之间具有联结（Conjunctive）的含义，要求学习者必须掌握题目所考查的所有知识点才能够答对。

此外，DINO 模型是 DINA 模型的补偿版本。假设一个学生只要掌握了这个问题所需的任何知识点，就可正确地回答这个问题，也就是说，这些知识点可以相互替代或补偿。因此，在 DINO 模型中，理想作答情况可以定义如下：

$$\eta_{ij} = 1 - \prod_{k=1}^{K} (1 - \alpha_{ik}^{q_{ik}}) \qquad (2-6)$$

从公式中可以看出，DINO 模型是一种补偿型模型，模型中各个知识的组合方式为补偿型。

2.2.4　模糊认知诊断模型

在实际的学习场景中，大部分学科除了填空题、选择题或者判断题这些客观题外，还有如综合题、论述题等主观题，若仅简单地采用二级计分的方式(0，1)来评分，虽然可以根据一定的规则将多级评分的数据转换成二级计分的形式，但可能会丢失部分数据信息。另一方面对于属性水平的划分，依据布鲁姆分类教育目标，学习目标具有层次结构，相应的知识掌握程度可以分为不同层次，采用掌握和未掌握两种状态进行划分，粒度过粗，无法准确反映学习者认知状态。同时 PISA 2015 的科学素养测试框架将认知属性的掌握水平分为"低水平、中等水平和高水平"；TIMSS 2015 的科学认知框架也将属性的掌握程度从低到高分为"了解、应用和推理"三种水平。为了适应实际的学习场景，研究者们对多分属性多级评分认知诊断模型进行了初步探索与研究。昌维将 RPa－DINA 模型进行了多级评分拓展，新模型简称为 PRPa－DINA 模型。多级评分的多分属性认知诊断模型，该类模型既能处理多级评分，同时还可以对属性进行多水平划分。

模糊认知诊断模型(Fuzzy Cognitive Diagnosis Framework，Fuzzy CDF)基于教育心理学理论提出了适用于大数据场景、解释性更强的模糊认知诊断方法。模型将模糊集理论和教育假设相结合，模糊化学习者的知识掌握程度从{0，1}取值扩展到[0，1]区间，实现对知识掌握程度的多级划分，进而可以处理多级评分数据。该模型在知识聚合方式上提出了如下假设：若给定一道题目，其中知识间的共同作用是联结型(或者补偿型)，那么学习者在第 j 道题上的掌握程度就对应该题所要求的知识能力 $\mu_k(j)$ 的交集(或者并集)。给定 Q 矩阵，涉及 K 个知识点，学习者 i 在试题 j 上的掌握程度定义如下：

(1) 基于联结型假设的理想作答反应表达函数：

$$\eta_{ij} = \bigcap_{1 \leqslant k \leqslant K_{q_{ik}=1}} \mu_k(j) \qquad (2-7)$$

(2) 基于补偿型假设的理想作答反应表达函数：

$$\eta_{ij} = \bigcup_{1 \leqslant k \leqslant K_{q_{ik}=1}} \mu_k(j) \qquad (2-8)$$

同时 Fuzzy CDF 模型框架的设计很好地体现了认知诊断的一般流程，可作为后续研究的基础框架开展工作。

2.3　模糊测度与模糊积分

本节介绍有关模糊测度与模糊积分的相关基础知识。

2.3.1　模糊测度

测度是一种度量，用来测量集合的大小。比如元素个数就是集合大小的度量方式之一。对于有限集 X，一类针对集合的函数被称为集函数，如集函数 $m_c(X) = |X|$ 表示集合 X 的元素个数，此外体积、重量也可认为是衡量集合大小的一种方式。模糊测度（Fuzzy Measure）是对经典测度的扩展。经典测度具有可加性，比如用测度表示线段的长度，那么两条没有重叠部分的线段长度之和等于这两条线段长度之和。概率测度就是一种可加性测度，然而可加性无法满足的情况很多，如工作效率。两个人合作不一定是他们各自工作效率之和，效率可能提高也可能降低。日本学者 Sugeno 提出模糊测度的概念，以较弱的单调性代替可加性，其主要特征是非可加性，较可加性测度更符合。

首先考虑一个有限集 $X = \{x_1, x_2, \cdots, x_n\}$，同时设 $P(N)$ 表示幂集 2^X，用大写字母表示一个集合，它的基数用小写字母表示，即 $n = |X|$。给出如下定义：

定义 2.1　对于一个有限集合 X，模糊测度可看作是一个实值集合函数 $v: P(N) \rightarrow [0, 1]$，满足以下两个约束：

(1) $v(\varnothing) = 0$ 且 $v(X) = 1$；

(2) 若 $A, B \subseteq N$，同时 $A \subseteq B$，则 $v(A) \leqslant v(B)$。

模糊测度在建模集合元素之间的交互作用方面非常强大，目前已广泛应用于不同的场景中，可以被描述为重要性、可靠性、满意度等相似的概念。目前很多研究已经提出了从数据中学习模糊测度的算法，例如二次规划、梯度下降、Gibbs 采样器，等等。

2.3.2　模糊积分

模糊积分（Fuzzy Integral）是一个强大且灵活的聚合函数，能够利用输入之间丰富的相互作用。1972 年，Sugeno 引入了模糊测度的概念并创造了术语——模糊积分。模糊积分强大的表达能力使它能够同时表示简单和复杂运算子。模糊积分中使用最为广泛的是 Sugeno 积分和 Choquet 积分。特别是 Choquet 积分，最初由 Gustav Choquet 在 1953 年提出。虽然 Choquet 积分最初用于统计力学，但此后已在其他许多领域得到应用，例如计算机视觉、分类、模式识别、多标准决策（MCDM），以及支持向量机的多核学习（MKL）等。两种模糊积分的具体定义如下：

定义 2.2　关于模糊测度 v 和输入向量 X 的 Sugeno 积分记为

$$S_v(X) = \bigvee_{i=1}^{n} \left[x_{(i)} \wedge v(H_i) \right] \tag{2-9}$$

其中，$x_{(i)}$ 是输入向量 $X = \{x_{(1)}, x_{(2)}, \cdots x_{(n)}\}$ 非递减排列后对应的元素，$\vee$ 表示 max 算子，$\wedge$ 表示 min 算子，$H_i = \{(i), (i+1), \cdots, (n)\}$ 表示前 $n-i+1$ 个最大元素对应下标构成的集合。

定义 2.3 关于模糊测度 v 和输入向量 X，Choquet 积分可以表示为

$$C_v(X) = \sum_{i=1}^{n} [x_{(i)} - x_{(i-1)}] v(H_i) \tag{2-10}$$

其中，$x_{(i)}$ 表示对输入向量 $X = \{x_{(1)}, x_{(2)}, \cdots, x_{(n)}\}$ 非递减排列后对应的元素，即 $x_{(1)} \leqslant x_{(2)} \cdots \leqslant x_{(n)}$。$H_i = \{(i), (i+1), \cdots, (n)\}$ 表示前 $n-i+1$ 个最大元素对应下标构成的集合。

模糊积分根据模糊测度将多个信息源提供的数据进行组合。举例来说，设一组专家 $X = \{x_1, x_2, \cdots, x_n\}$ 来评估软件的可用性。对于某软件，根据专家 x_i 的意见，考虑 $f(x_i)$ 作为该软件的可用性。同时考虑了专家 X 中子集的可靠性。$v(A)$ 是对应集合 A 中专家评估的可靠性，$A \subseteq X$。具体来说，令 $X = \{x_1, x_2, x_3\}$ 由三位专家构成，若 $v(\{x_1\}) = 0.2$，$v(\{x_2\}) = 0.3$，$v(\{x_3\}) = 0.5$，说明专家 x_3 的意见比专家 x_2 更可靠，专家 x_2 的意见比专家 x_1 更可靠。若 $v(\{x_1, x_2\}) = 0.3$，$v(\{x_1, x_3\}) = 0.4$，表示将专家 x_1 与专家 x_2 或专家 x_3 整合并不比单独使用专家 x_2 或专家 x_3 的意见更可靠。相反，$v(\{x_2, x_3\}) = 0.8$ 联合专家 x_2 和专家 x_3，提高了意见的可靠性。最后，当专家为软件打分时，可以使用模糊积分综合多个专家意见计算得出软件的可用性。

2.4　深度神经网络

深度学习是多伦多大学 Hinton 教授 2006 年提出的一类机器学习方法。与传统的机器算法相比，在数据、计算能力充足的情况下，深度学习比传统方法更具有优势。深度学习的出现打破了神经网络发展的瓶颈，根据 Bengio 的定义，深层网络由多层自适应非线性单元组成。深度神经网络对于发现高维数据的复杂结构具有优势，因此适用于科学、商业和政府等许多领域。通过多个处理层来组成一个深度学习模型，学习具有多个抽象级别的数据表示。深度学习模型通过反向传播算法调整优化其内部参数，用以发现大规模数据中隐含的复杂结构。在处理图像方面通常采用深度卷积网络，而对于文本和语音等序列数据通常采用循环网络。

深度神经网络在教育数据挖掘领域有众多应用，比如问题难度预测、代码教育、公式图像转换等。其中，学习者表现预测是一个研究热点。如 Okubo 等使用循环神经网络挖掘日志数据预测学习者成绩，L. Wang 等人（参考文献[134]）将程序输入到一个循环的神经网络中，针对编程练习预测学习者的成果。基于深度学习的模型利用学习者学习时间和绘制的拓扑特征来预测学习者的绘画动作，X. Guo 等人（参考文献[136]）提出了一种有效的基于对抗训练的知识追踪方法来增强模型的泛化性。更多的神经网络结构（如卷积神经网络、注意力机制）等被引入教育数据挖掘领域，效果也取得了一定程度的提升。

　　总体来看，目前使用深度神经网络建模认知诊断的工作相对较少，尤其是在可解释性方面还有待加强。其中神经认知诊断模型作为一项开创性的工作，突破心理测量解决方案的局限性，充分利用深度神经网络学习复杂的用户与任务之间的复杂交互关系。该模型的提出为基于深度神经网络的认知诊断研究提供了实现途径，也为本书的工作提供了研究思路。

本 章 小 结

　　本章对后续研究涉及的认知诊断相关概念和模型、模糊测度与模糊积分、深度神经网络等相关基础知识分别进行了简要介绍。首先介绍研究认知诊断方法涉及的相关概念；梳理了具有代表性的认知诊断模型及其适用范围；其次，介绍面向学习任务的认知诊断技术基础——模糊测度和模糊积分的相关知识；最后，介绍深度神经网络在教育数据挖掘领域的应用。

第 3 章　面向学习任务的知识关联建模

美国心理学家桑代克在 20 世纪初提出了"学习即联结"的观点，而知识存在于这种联结之中。在学习场景中，知识之间并不孤立，知识的关联是普遍存在的。因此学习过程不能仅仅看作是多个知识的简单累加，而是"整体大于部分之和"的过程。在不同的智能教育学习场景下，知识的关联性发挥着不同的作用。对于教师而言，考虑有限的在线协作学习时间内，需要根据知识的关联性合理地设计编排教学内容并推送相应学习资源以促进有效学习的开展。对于学习者来说，智能评测是通过历史学习记录找出知识系统的薄弱环节，依据知识间的关联关系分析影响学习的关键点。另外，自适应测验中科学合理的组卷需要覆盖课程知识体系中的重难点。无论何种场景下，解决教师教学、学习者学习及题库建设的有效性，知识间关联关系都不可忽视。为此，本章将重点研究面向学习任务的知识关联建模方法。

本章首先梳理现有的知识关联建模研究工作，并结合认知心理学理论，划分面向学习任务的知识关联关系类型，进而提出基于模糊测度的知识关联建模方法。而后，通过实际教学应用场景对建模方法的实用性进行说明；其次，在模糊测度建模的基础上，从知识关联的视角对知识的全局重要度和交互指标进行讨论。最后，在合成及真实数据集上，开展了知识关联关系在认知诊断中的应用实验，实验结果验证了知识关联对认知诊断结果有直接的影响，不仅有助于提升预测精度，也提高了可解释性。

3.1　知识关联建模相关研究

目前知识关联关系建模工作多集中于知识结构关系的表达，遵循学科本身的规律，建立知识点与知识点之间、知识单元与知识单元之间的关联关系。此外，建构主义学习理论认为知识是"个体依据自己的经验来创造意义的结果"。学习是学习者结合自身经验建构的过程，从而实现内部的知识联结。但无论是学科知识体系中的知识关联，还是学习者自我建构的知识关联，都未涉及由学习任务产生的知识关联关系。联通主义学习理论认为知识存在于情境和环境中，特定的情境赋予知识特殊的含义。在学习过程中特定的情境通常以学习任务为载体。若忽略学习任务的影响，则对学习者的认知过程的理解会产生一定的偏差。本节围绕现有的知识关联建模方法展开论述，主要包括学科体系中的知识关联建模以及学习者建构知识的关联两个方面。

3.1.1　基于学科体系的知识关联

对于具体学科而言，学科知识体系由各学科的领域专家确立，由此明确知识的结构关系，进而确立知识关联关系。这种情况下的知识关联可看作是相对静态、稳定的。Leighton 认为学习过程中知识之间构成了一个相互关联的网络，并提出了属性层级结构(The Attribute Hierarchy Method，AHM)。AHM 将知识构成一个层次结构来建立知识间的关联，这种层次结构正是源于学科体系所蕴含的知识结构关系。由于学习本身具有递进的特点，对于知识先决关系的研究尤为受到重视。先决关系指的是学习者要达到教学目标所必须掌握的各级知识间的从属关系。如果学习知识 x_2 首先要掌握 x_1，那么知识点 x_1 称为知识点 x_2 的先决条件，如特征分析是主成分分析的先决条件。除了先决关系外，知识点间的相关关系也常被提及。图 3-1 中知识点"长方形"和"正方形"之间存在相关性，"数字"和"算术"这两个知识点之间则存在先决关系，也就是首先要掌握"数字"这个知识点，才能学会"算术"。而知识点"重量"和"周长"之间则是不相关的。从图中可以看出，知识点 x_1、x_2、x_4 之间具有相关性。知识点 x_5 和 x_1 之间存在先决关系，知识点 x_2 和 x_6 之间存在先决关系。知识点 x_3 是独立的，和其他知识点不存在关联关系。

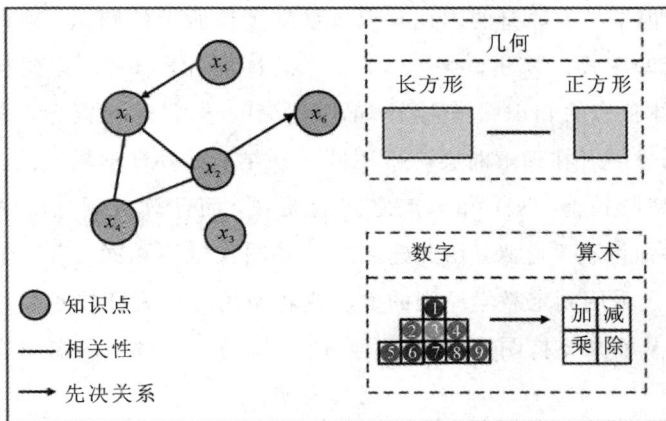

图 3-1　学科体系中的知识关联

对于相关性和先决关系的建模，可以通过建立关系矩阵来定义知识间的关联关系(如先决关系)。定义 $E \in \{0,1\}^{|X| \times |X|}$，若知识点 $x_1 \in X$ 是知识点 $x_2 \in X$ 的先决条件，则 $E_{x_1 x_2} = 1$，否则为 0。Sudeshna Roy 则建立了基于图的建模方法。设 $G_c(C, E_c)$ 为一个有向无环图，其节点表示知识点，边表示先决依赖关系。当且仅当知识点 c_i 是知识点 c_j 的先决条件时，E_C 包含有向边 (c_i, c_j)。尽管建模方式略有不同，总体来看都是表征两两知识点间的关系。综上可知，学科体系确定的知识关联关系是一种相对稳定的结构，可通过关联矩阵、图模型等方式建立知识点间的关联关系。

3.1.2　基于学习者建构的知识关联

学习过程中，知识会在人的大脑中进行投影并建立知识的映像。心理学家皮亚杰的图式理论证实了认知模式的客观存在，用图式来标识学习者自身的知识结构。奥苏贝尔认为，知识存在于学习者的知识结构中，每个学习者建立各自的内在知识结构，以图式的方式联结各个知识点。在建构主义看来，以原有知识为基础，学习者建构用于指导解决问题新的图式。基于自身经验在同化和顺应的过程中，学习者构建其内部的表征图式(如图 3-2 所示)。

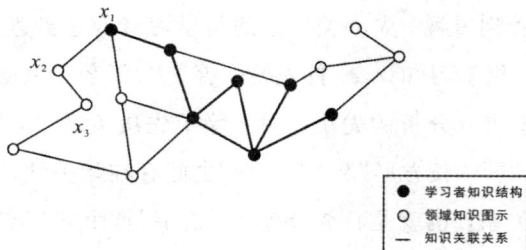

图 3-2　学习者建构的知识关联

根据领域内固有的知识结构，可知 x_1、x_2、x_3 三个知识点之间存在关联，但学习者建构的图式可能由于对知识点 x_2 的缺失，未能建立知识点 x_1、x_3 之间的关联。由于学习者的先验知识不同，会根据个人原有的内在知识体系来重构所学的知识，由此形成学习者个体关于知识的内在认知图式。学习本身是一个动态的过程，学习者可以建构自己的个性化知识体系(类似于个体独有的知识图谱)。比如，对"深度学习"这一概念，来自教育学和计算机两个不同领域的学习者在理解时会产生不同的联结。对教育学领域的学习者来说，会建立"深度学习"与"高阶技能"两个知识点之间的关联，而计算机领域的学习者则会将其与"机器学习"等相关知识联系起来，由此建立的认知图式也不相同。由于学习认知图式的内隐性，现有研究通过采用制定教学原则的方法或者使用心理表征技术和计算方法来理解学习者的学习过程，从而来支持图式获取过程，但目前仍缺乏对于认知图式中的知识关联量化建模研究。

3.2　基于模糊测度的知识关联建模方法

3.2.1　面向学习任务的知识关联

学习任务强调多个知识的综合运用，即任务的达成需要多个知识点共同作用，记为 $t = \{X_t, v\}$(如表 3-1 所示)，其中 $t \in T$ 唯一标识一个学习任务，$X_t = \{x_1, x_2, \cdots x_K\}$ 表示该任务 t 中包含 K 个知识点的集合。学习任务中的知识关联关系用函数 $v(A)$ 表示，$A \subseteq X_t$。面向学习任务的知识关联是指特定学习任务中的知识关联关系及关联强度。学习过程是学习者与学习任务进行交互的过程，无论是基于学科体系的知识关联建模还是基于学习者建构的知识关联建模，都忽视了学习任务对于知识关联的影响，即依赖于学习任务的知识关联关系未得到体现。在学习目标牵引下，不同的学习任务中的知识关联关系，尤其是关联强度都可能发生变化。

表 3 - 1　面向学习任务的知识关联

学习任务	知识点	知识关联	
T_1 📋	$x_1\ x_2\ x_3$	$v(A_1)$	$A_1 \subseteq \{x_1, x_2, x_3\}$
T_2 📋	$x_2\ x_3\ x_4$	$v(A_2)$	$A_2 \subseteq \{x_2, x_3, x_4\}$
T_3 📋	$x_1\ x_2\ x_3\ x_4$	$v(A_3)$	$A_3 \subseteq \{x_1, x_2, x_3, x_4\}$

举例来说，有两个学习任务都考查了"Print 打印输出"这一知识点。

学习任务 1：编程实现两个城镇之间最快的路线的算法并输出距离。

学习任务 2：打印输出"Helloworld！"。

显然在学习任务 2 中的知识点"Print 打印输出"与其他知识产生关联时处于更为关键的位置。知识的关联关系随着学习任务的变化而改变，这种任务依赖性是现有知识关联关系建模时未考虑的一个问题。此外，现有的知识关联建模，大多聚焦于两两知识点之间的关系。面向学习任务的知识关联关系不仅考虑到单个知识点的重要性，还考虑到知识集合的重要性。例如，一个知识点本身可能对任务的达成并不重要，但它是多个知识点关联的关键，那么在其他知识点共同作用后形成的知识集合就会变得非常重要。例如考虑到在达成学习目标时可能存在多种解决策略，即不同策略对应不同的知识点。如分数进行减法运算时，可以用知识集合 $A = \{x_1, x_2, x_3, x_4\}$ 解决，也可以用知识集合 $B = \{x_1, x_2, x_5\}$ 完成计算。考虑知识点 x_1 和 x_5 的关联关系，但从知识集合 A 来看，无法判断 x_1 和 x_5 的关系；但在知识集合 B 中，知识点 x_1 和 x_5 存在关联关系。学习者掌握知识 x_1 和 x_2 的情况下，若掌握知识 x_5 就可以达成学习目标，也就是知识 x_5 和知识 x_1 之间存在一定的关联关系，起到了促进的作用。从单个知识之间的联系来看，无法明确知识之间的关系，而是要置于集合中来考虑知识间的关联。因此，有必要对知识集合之间的关系建模。但现有的研究中，对于知识间关联性研究较为单一，仅考虑了两两知识点间的关系，均未考虑知识集合之间的关联，更无法处理集合间的关联关系。综上所述，本节考虑学习任务所带来的知识关联关系，探讨如何对知识（包括知识集合）的关联关系进行建模，同时着重解决知识关联关系的量化表达。

3.2.2　知识集合的关联关系类型

正如斯蒂芬·道恩斯所言"知识是一种网络现象"，学习者通过连接的建立和网络的形成完成学习，可以将学习的发生看作是知识之间相互联结的结果。为了更好地建模知识的关联关系，由于单个知识可看作是单点知识集合。下文中专门不区分知识关联关系与知识集合的关联关系。首先要明确知识集合之间存在的关联关系类型。通过不同类型的集合关系来反映知识间不同的关联关系。但知识的关联关系可能是显性确定的，也可能是隐性模糊的，比如进位加法是以十进制加法运算为基础，它们之间存在显著的关联关系。而加法运算和乘法运算的关联则是隐性的，比较模糊。依据认知心理学理论，围绕学习任务的达成，本节从影响学习认知过程的角度提出了三种类型的集合关系：

1. 负协同关系或冗余关系

当学习者掌握了多个知识点后，由于知识之间的相似性，在一定程度上对学习造成干扰，形成负协同增强的关系。举例来说，学习字母 d 之前，学习者辨认字母 b 是一项容易的任务，但由于这两个字母很相似，学习者会产生混淆，字母 d 的学习干扰了对字母 b 的识别。还有一种情况，知识点 x_1（分数）是知识点 x_2（分数减法）的先决条件。相比于只掌握 x_2，同时掌握两个知识点的集合 $\{x_1, x_2\}$ 并不能明显提高学习者在解答分数计算上的学习表现，那么知识点 x_1 和 x_2 存在冗余关系。

2. 协同增强关系

知识集合之间存在促进作用，多个知识集合共同作用有助于提高整体的学习表现。比如针对分数减法问题，知识集合 $\{x_1, x_2, x_3\}$（其中 x_1 对应减法操作，x_2 对应约分，x_3 对应通分）比分别使用知识集合 $\{x_1, x_2\}$ 和知识集合 $\{x_1, x_3\}$ 的解答正确概率高，说明知识集合 $\{x_1, x_2\}$ 和知识集合 $\{x_1, x_3\}$ 之间互补促进，存在协同增强的关系。同样，阅读理解时需要三个知识点协同完成（知识点 1 为单词含义，知识点 2 为句子语法、知识点 3 为理解作者意图），相比分别使用掌握知识点 1 和 2 的知识组合或者使用知识点 1 和 3 的知识组合，掌握三个知识点的组合更有可能正确地理解文章。

3. 相互独立关系

当不符合上述两种关系时，则认为知识集合之间存在独立关系。

以上三种关系表达了知识集合间不同的关联关系类型，知识集合间的关联关系，不仅要考虑集合内知识点间的关系，还需要表达知识组合后形成的知识集合的关联关系类型和强度，这对知识关联关系的量化建模提出了挑战。

3.2.3　基于模糊测度的知识关联建模

为了更好地表达上述知识集合间的关联关系，本节引入模糊测度的概念对知识的关联关系进行建模（A Fuzzy Measure Based Knowledge Relevance Modeling Method，KRFM）。模糊测度是以集合为定义域的函数。对于一个有限集合 X，模糊测度可看作是一个实值集函数 $v: 2^X \to [0, 1]$，这里 2^X 表示 X 的幂集，即 X 的全部子集构成的集合。模糊测度目前已广泛应用于不同的场景中，可以被描述为重要性、可靠性、满意度等相似的概念。比如采纳专家意见评价某一设备的性能，可以用模糊测度来表示专家意见的可靠性。学习领域将模糊测度这一集函数用来建模知识间的关联关系 $v(A) \in R$，$A \subseteq X$。$v(A)$ 越大，A 中知识的关联性越强。

根据模糊测度的定义和性质，可知模糊测度具有弱单调性，满足如下约束条件，若 A，$B \subseteq X$，同时 $A \subseteq B$，则 $v(A) \leqslant v(B)$。本节将有限集合 X 看作是完成学习任务 t 所需的 K 个知识的集合 $X = \{x_1, x_2, \cdots, x_K\}$。令 X_1，$X_2 \subseteq X$，则模糊测度 $v(X_1)$ 是一个集函数，表示知识集合 X_1 促进学习任务 t 达成的影响程度。显然，知识集合覆盖所有 K 个知识时，$v_t(X) = 1$ 且 $v_t(X_1) \in (0, 1]$，$v_t(X_2) \in (0, 1]$。$v_t(X_1 \bigcup X_2)$ 表示知识集合 $X_1 \bigcup X_2$ 对于任务达成的影响程度。任务 t 中知识集 X_1 和 X_2 之间的关联关系 $\Delta_t(X_1 \bigcup X_2)$ 可定义为式（3-1）：

$$\Delta_t(X_1 \bigcup X_2) = v_t(X_1 \bigcup X_2) - v_t(X_1) - v_t(X_2) \tag{3-1}$$

由此可以看出，通过模糊测度来建模，量化地表达知识集合间的关联关系和强度。由于本节中的模糊测度、知识关联均是针对某一具体学习任务进行讨论的，因此为简化起见，下文中不再使用下标 t 表示特定学习任务，将 $\Delta_t(X_1 \bigcup X_2)$，$v_t(X_1 \bigcup X_2)$，$v_t(X_1)$，$v_t(X_2)$ 分别简化表达为 $\Delta(X_1 \bigcup X_2)$，$v(X_1 \bigcup X_2)$，$v(X_1)$，$v(X_2)$。

1. 负协同关系或冗余关系建模

负协同关系表示知识组合后对任务达成的贡献度低于单独使用各个知识的贡献度之和。也就是说，掌握该知识集合的重要度比单独使用其子集重要度的总和弱，则知识集合间的关系是负协同关系。设有知识集合 X_1 和 X_2，同时 X_1，$X_2 \subseteq X$。

知识集合间的模糊测度关系表达如下：

$$v(X_1 \bigcup X_2) < v(X_1) + v(X_2) \tag{3-2}$$

则满足上式时，知识集合 X_1 与 X_2 之间的关联关系为负协同关系，关联强度可表示为

$$\Delta(X_1, X_2) = v(X_1 \bigcup X_2) - v(X_1) - v(X_2) < 0$$

冗余关系可以看作负协同关系的一种特例，用来表达知识集合间的先决条件，假设知识 x_1 是 x_2 的先决条件。令 $X_1 = \{x_1\}$，$X_2 = \{x_2\}$，根据模糊测度的弱单调性，知识集合间的模糊测度关系表达为

$$v(X_1 \bigcup X_2) = v(X_2) \tag{3-3}$$

则满足上式时，知识集合之间存在冗余关系。也就是知识组合后对目标达成的贡献与单独使用知识集合 X_2 相比没有变化，知识集合 X_2 对于目标达成的重要程度不产生增强的作用。

2. 协同增强关系建模

多个知识组合后有助于学习目标的达成，也就是说掌握了该知识集合比单独使用其子集之和更为重要，说明知识集合间互补促进，存在协同增强的关系。当知识集合的模糊测

度符合式(3-4)条件时，则认为知识集合存在协同增强的关系：

$$v(X_1 \bigcup X_2) > v(X_1) + v(X_2) \tag{3-4}$$

这里表示知识集合 X_1 和 X_2 共同构成的集合 $X_1 \bigcup X_2$ 对于任务达成的贡献度高于各个知识集贡献度之和。满足上式时，知识集合 X_1 与 X_2 之间的关联关系为协同增强，关联强度可表示为

$$\Delta(X_1, X_2) = v(X_1 \bigcup X_2) - v(X_1) - v(X_2) > 0$$

这里知识集合 X_1 和 X_2 组合后激发出一种新的潜在关联，对促进学习任务的达成更重要。

3. 相互独立关系建模

两个知识集组合后对于学习目标达成的贡献度等于这两个知识集单独使用时的贡献度之和，当模糊测度满足式(3-5)时，说明知识集合之间是相互独立的：

$$v(X_1 \bigcup X_2) = v(X_1) + v(X_2) \tag{3-5}$$

这种情况下，知识集合之间不存在关联性，即关联强度为 $\Delta(X_1, X_2) = 0$。

本节围绕学习任务中知识及知识集合的关联性，利用模糊测度表示知识集合促进任务达成的重要程度。KRFM 方法通过模糊测度建模可以更好地表达知识集合的关联性，同时反映出知识集合的特征，从而为学习活动的有效开展提供数据支持和指导。

案例分析 1　以学习资源的推送顺序为例，若完成某学习任务需要 3 个知识点共同作用。令学习任务考查的知识点集合 $X = \{x_1, x_2, x_3\}$，这里用模糊测度 v 表示知识集合促进任务完成的贡献度，如知识集合 $\{x_1, x_2\}$ 对于达成任务目标的重要程度为 0.5。若已知各知识集合的模糊测度。具体如下：

$$v(\{x_1\}) = 0.45, \ v(\{x_2\}) = 0.45, \ v(\{x_3\}) = 0.3$$
$$v(\{x_1, x_2\}) = 0.5, \ v(\{x_1, x_3\}) = 0.9, \ v(\{x_2, x_3\}) = 0.9$$
$$v(\{x_1, x_2, x_3\}) = 1$$

由此考虑知识点的学习序列，通过不同的资源推送顺序对学习者的学习产生不同的刺激。根据模糊测度的值，可判断 3 个知识点及知识集合之间存在如下的知识关联关系：

$$v(\{x_1, x_2\}) < v(\{x_1\}) + v(\{x_2\}) \Rightarrow \Delta(\{x_1, x_2\}) < 0$$
$$v(\{x_1, x_3\}) > v(\{x_1\}) + v(\{x_3\}) \Rightarrow \Delta(\{x_1, x_3\}) > 0$$
$$v(\{x_2, x_3\}) > v(\{x_2\}) + v(\{x_3\}) \Rightarrow \Delta(\{x_2, x_3\}) > 0$$

知识集 $\{x_3\}$ 与知识集 $\{x_1\}$ 和 $\{x_2\}$ 之间均存在协同增强关系。而知识集 $\{x_1\}$ 和 $\{x_2\}$ 之间则是负协同关系。显然知识集 $\{x_3\}$ 在学习任务完成过程中发挥了积极的作用。在不考虑先决关系的条件下，假定以知识点 x_1 作为学习起点，自动生成不同的学习资源推送的次序。如图 3-3 实线所示，可知序列 1 的知识点推送顺序为

$$x_1 \rightarrow \{x_1, x_2\} \rightarrow \{x_1, x_2, x_3\}$$

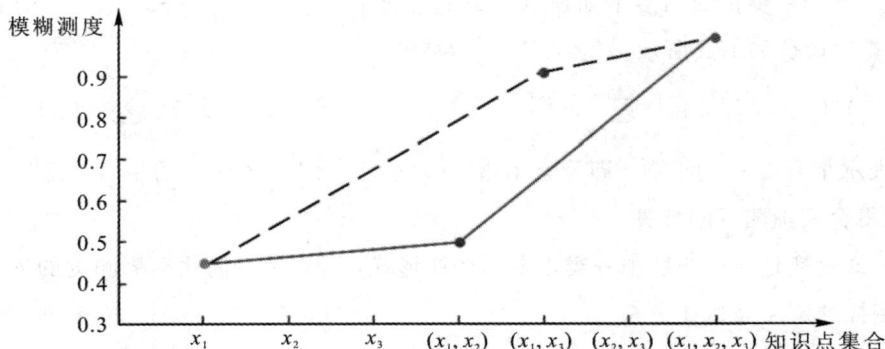

图 3 - 3　不同序列下的教学设计

而序列 2 对应图中的虚线部分，知识点的推送顺序表达为

$$x_1 \rightarrow \{x_1, x_3\} \rightarrow \{x_1, x_2, x_3\}$$

序列 1 指导下的学习活动，学习者学习知识点 x_1 和 x_2 后，并未有明显的提升，直到完成知识点 x_3 的学习后才有较明显的飞跃。由此，可以针对学习者的特点，生成不同的学习资源推送序列，序列 1 下的推送序列设计更适合一般学习者，持续平缓地获得学习成就。序列 2 的学习则在前期(学习知识点 x_1 和 x_3 后)学习者即可获得显著的进步，而后期则进步并不明显。序列 2 下推送学习资源的序列更适合于学习动机不强的学习者，通过较快获得学习成就来激励学习者。

综上可知，知识关联关系的建模可对知识集合间的模糊测度进行比较，根据比较的结果，获得知识集合间的三种关联关系以及关联的强度。模糊测度是知识关联关系建模的核心，模糊测度的取值一旦确定，则可以比较得出知识关联关系类型并计算出知识集合间的关联强度，由此建立对知识关联的量化建模。因此，下节将围绕模糊测度的计算方式展开讨论。

3.2.4　模糊测度的计算

1. 依赖于专家知识的模糊测度计算

相比于其他领域，专家知识在教育领域中发挥着更为重要的作用。对专家而言，给出两个知识集合之间的关联关系强度 $\Delta(X_1, X_2)$ 相对容易。首先以单个知识点构成的集合为例，选择 3～5 名专家给出单个知识点集合的模糊测度 $v(\{x_i\})$、$v(\{x_j\})$ 以及知识集合间的关联关系强度 $\Delta(\{x_i, x_j\})$。根据各专家的意见取平均值，获得更为客观的结果。由已知的单个知识模糊测度以及关联关系强度，可计算出两个知识点构成集合的模糊测度，如公式 (3 - 6)所示：

$$v(\{x_i, x_j\}) = v(\{x_i\}) + v(\{x_j\}) + \Delta(\{x_i, x_j\}) \tag{3 - 6}$$

由此，可进一步扩展为多个知识点构成的集合 $L=\{x_i,\ x_{i+1},\ \cdots x_{i+n},\ \cdots\}$ 的关联指标的表达，具体表达如下式所示：

$$\Delta(L) = v(L) - \sum_{B \in L_{(k-1)}} v(B) + \sum_{B \in L_{(k-2)}} v(B) - \cdots + (-1)^{k-l} \sum_{B \in L_{(l)}} v(B) \qquad (3-7)$$

其中，k 表示集合 L 中的维数，即元素个数，$L_{(l)}$ 表示 l 维子集构成的集合。由此可以完成所有知识集合模糊测度的计算。

Möbius 变换是模糊测度中一类重要的变换形式，可以用于简化模糊测度的表达。根据 Möbius 变换的定义表达如下：

$$M(A) = \sum_{B \subseteq A} (-1)^{|A \setminus B|} v(B) \qquad (3-8)$$

将式(3-8)展开，可以发现关联指标 $\Delta(L)$ 和 Möbius 变换的表达 $M(A)$ 是一致的。由于 Möbius 变换是可逆的，通过使用 Möbius 变换的逆（称为 Zeta 变换）也可以用来计算模糊测度的 v 值：

$$v(A) = \sum_{B \subseteq A} M(B) \qquad (3-9)$$

由上式也可以完成所有知识点集合的模糊测度的计算。

2. 数据驱动的模糊测度计算

在涉及单个知识点集时，模糊测度可以由领域专家根据经验给定，但是随着知识数量的增加，给出各个知识集合的关联关系强度具有一定的主观性且工作量较大。若能从学习数据中获得模糊测度则更加客观有效。通过数据驱动的方法来表示和学习模糊测度，使得输入更大的知识数目时模糊测度这一参数的学习是可计算的。举例来说，若完成学习任务涉及知识 x_1、x_2 和 x_3，则需要计算的模糊测度个数为 $2^3-2=6(v(\varnothing)=0,\ v(\{x_1,\ x_2,\ x_3\})=1)$（如图 3-4 所示）。

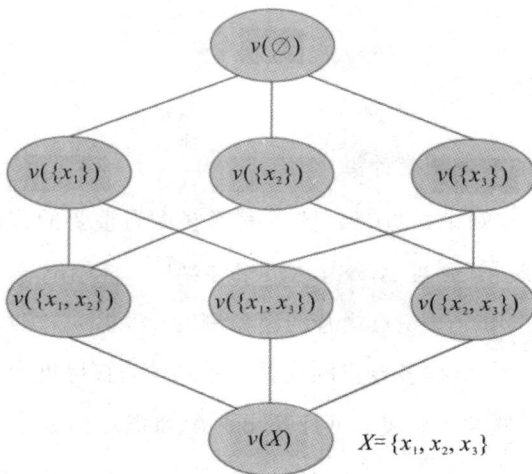

图 3-4　模糊测度的计算规模

为了实现计算目的，可以将模糊测度 v 的值存储在大小为 2^n 的数组中，建立知识集合 X 和二进制表示方法之间一对一的映射关系。若 $X=\{x_1, x_2, x_3\}$，则 $v(\{x_1\})$ 表示为 $v_{(001)}$，$v(\{x_1, x_2\})$ 表示为 $v_{(011)}$，$v(\{x_1, x_2, x_3\})$ 表示为 $v_{(111)}$。具体如表 3-2 所示。

表 3-2　模糊测度的数据结构

知识集合	向量表示	知识集合	向量表示
$\varnothing$	000	$\{x_3\}$	100
$\{x_1\}$	001	$\{x_1, x_3\}$	101
$\{x_2\}$	010	$\{x_2, x_3\}$	110
$\{x_1, x_2\}$	011	$\{x_1, x_2, x_3\}$	111

若已知函数的有限离散值 $\boldsymbol{\alpha}=(\alpha_1, \alpha_2, \cdots, \alpha_K)$ 和模糊测度 v，通过模糊积分计算得到预测值 $\hat{s}$。由此，可以通过输入值 $\boldsymbol{\alpha}$ 和实际值 s，利用遗传算法或神经网络找到最优的模糊测度 v 使得损失函数值最小。具体算法如图 3-5 所示。然而在实际应用中，知识点的数量可能远远超过 3 个，那么模糊测度的计算会面临着复杂性急剧增长的问题。当 $|X|=n$ 时，需确定模糊测度的数量为 2^n 个。当 n 的值变大时，模糊测度的数量呈指数级增长，确定模糊测度变得非常困难。为了应对以上的问题，可以进一步引入 k 可加模糊测度，在模糊测度的复杂性和表达能力方面进行折中。

算法 1：模糊测度学习算法

输入：输入值 $\boldsymbol{\alpha}$，实际值 s　// α 为某函数 s 的离散值

输出：模糊测度的值

1　设置迭代次数：$t=0$

2　初始化模糊测度的值：$\boldsymbol{v}^{(0)}=(v_1^{(0)}, \cdots, v_K^{(0)}, \cdots, v_{1,\cdots,K}^{(0)})$　//对应 2^K-2 个模糊测度值

3　**While** $t<t_{\max}$　**do**　//$t_{\max}$ 为最大迭代次数

4　　　　　$\boldsymbol{v}_1, \cdots, \boldsymbol{v}_L=\mathrm{search}(\boldsymbol{v}^{(t)})$　//搜索可行解

5　　　　　**for** $l \leftarrow 1$ **to** L **do**

6　　　　　　　$\hat{s}=\mathrm{fuzzy\ integral}(\boldsymbol{\alpha}, \boldsymbol{v}_1)$　// 通过模糊积分计算获得预测值

7　　　　　$l^*=\arg\min_{l\{1,\cdots,L\}} \|\hat{s}-s\|^2$　//根据目标函数计算损失 l

8　　　　　$\boldsymbol{v}^{t+1}=\boldsymbol{v}_{t^*}$　//更新参数

9　Return $\boldsymbol{v}^t_{\max}$

图 3-5　模糊测度学习算法

3.3　知识的全局重要度和交互指标

确定知识点在某个学习任务中的全局重要度及交互指标，对于实际的教学场景具有现实的意义与价值。比如，教师在设定学习任务时，可根据知识的全局重要度，来安排教学活动的时间分配，从而更好地组织开展教学活动。对于学习者而言，若能了解到知识之间的交互指标，可以更加清晰地发现学习任务中的哪些知识点可能起到关键的连接作用，从而有助于自己内在知识图式的建构。而在组卷过程中，可以依据这两个指标，更好地评估试题设置的合理性。

3.3.1　知识的全局重要度

在实现了模糊测度的计算后，可以得出知识体系中的重点知识以及知识之间的交互指数。由于知识的关联性，需要综合单个知识点的模糊测度值和包含该知识点所有集合对应的测度值。可采用合作博弈中 Shapley 指标度量知识的全局重要度。

定义 3.1　令 v 是一个模糊测度，对于每个 $x_i \in X$，知识全局重要度指数可以表达为

$$\phi(x_i) = \sum_{A \subseteq X \setminus \{x_i\}} \frac{(n - |A| - 1)! \, |A|!}{n!} [v(A \bigcup \{x_i\}) - v(A)] \tag{3-10}$$

这里 n 表示知识集 X 中的知识点个数（$n = |X|$），A 为知识点集合，$A \subseteq X$。全局重要度的实现算法如图 3-6 所示。根据案例 1 中的模糊测度值以及式（3-10），计算知识点 x_1 的全局重要度：

$$\phi(x_1) = \frac{(3 - 0 - 1)! \, 0!}{3!} [v(\{x_1\}) - v(\phi)] +$$

$$\frac{(3 - 1 - 1)! \, 1!}{3!} [v(\{x_1, x_2\}) - v(\{x_2\})] +$$

$$\frac{(3 - 1 - 1)! \, 1!}{3!} [v(\{x_1, x_3\}) - v(\{x_3\})] +$$

$$\frac{(3 - 2 - 1)! \, 2!}{3!} [v(\{x_1, x_2, x_3\}) - v(\{x_2, x_3\})]$$

$$= 0.292$$

同理可得知识点 x_2、x_3 的全局重要度分别为 $\phi(x_2) = 0.292$，$\phi(x_3) = 0.416$。除了知识自身的重要性以外，还考虑其超集的模糊测度。尽管知识点 x_3 对应的模糊测度值不高，但它和其他知识关联后产生的模糊测度值较高，因此知识 x_3 的全局重要度是最高的。在此情况下，可以将知识点 x_3 看作是后续学习中的重点内容，在教学和学习过程中加以关注，并在知识点 x_3 上分配相应的教学时间并设置练习的推荐。

算法 2：知识全局重要度实现算法

输入：二进制序列编码的模糊测度幂集

输出：知识点 x_i 的全局重要度

1　　**for** $x_i \leftarrow x_1$ **to** x_n **do**

2　　　　获得局部知识集合 $A_i = X \setminus \{x_i\}$，求得局部全集 A 中所有含 k 个元素的子集 K

3　　　　**for** $k \leftarrow 0$ **to** $n-1$ **do**

4　　　　　　计算系数 $\gamma_k = \dfrac{(n-k-1)!\,k!}{n!}$，$k = |K|$

5　　　　　$v_{K \cup i} = v_K \bigcup v_i$　　$//A_i$ 各子集对应编码的模糊测度为 v_K

6　　　　$\phi(x_i) = \displaystyle\sum_{i=1}^{n} \gamma_k \cdot \sum_{K \subseteq A_i,\ |K|=k} (v_{K \cup i} - v_K)$

图 3-6　知识全局重要度实现算法

3.3.2　知识的交互指标

通过模糊测度还可以反映出知识间的交互指标。比如某些知识与其他知识总是存在着积极的交互作用，可以看作是学习中的关键点，说明这个知识点需要被重点关注或优先推荐学习巩固。根据交互指标的定义，有

定义 3.2　知识点 x_i，x_j 关于模糊测度 v 的交互作用指标定义为

$$I(x_i x_j) = \sum_{A \subseteq X \setminus \{x_i,\, x_j\}} \frac{(n-|A|-2)!\,|A|!}{(n-1)!} \left[v(A \bigcup \{x_i,\, x_j\}) - v(A \bigcup \{x_i\}) - v(A \bigcup \{x_j\}) + v(A) \right]$$

$$(3-11)$$

其中，$n = |X|$，$I_{(x_i,\, x_j)} \in [-1, 1]$，$A$ 为知识点集合，$A \subseteq X$。

考虑交互指标，反映两两知识点在整个知识集合中的交互作用。若两个知识点之间的交互指标越高，则说明这两个知识点间的互补性越强。同理，交互指标越低，越接近于 -1，则表示知识点之间的关联性越高。具体实现算法如图 3-7 所示。

同样根据案例 1 的模糊测度值以及式（3-11），计算可得知识对 $\{x_1, x_2\}$ 的交互指标值为

$$I_{(x_1 x_2)} = \frac{(3-0-2)!\ 0!}{(3-1)!} \left[v(\varnothing \bigcup \{x_1, x_2\}) - v(\varnothing \bigcup \{x_1\}) - v(\varnothing \bigcup \{x_2\}) + v(\varnothing) \right]$$

$$+ \frac{(3-1-2)!\ 1!}{(3-1)!} \left[v(\{x_1, x_2, x_3\}) - v(\{x_1, x_3\}) - v(\{x_2, x_3\}) + v(\{x_3\}) \right]$$

$$= \frac{1 \times 1 \times (0.5-0.45-0.45)}{2!} + \frac{1 \times 1 \times (1-0.9-0.9+0.3)}{2!}$$

$$= -0.45$$

同理可得，$I_{(x_1 x_3)} = 0.1$，$I_{(x_2 x_3)} = 0.1$。

算法 3：知识交互指标实现算法
输入：按二进制序列编码的模糊测度幂集
输出：知识对$\{x_i, x_j\}$的交互指标

1	**for** $x_i \leftarrow x_1$ **to** x_n **do**
2	**for** $x_j \leftarrow x_{i+1}$ **to** x_n **do**
3	获得局部知识集合 $A_{ij} = X \setminus \{x_i, x_j\}$ 中所有含 k 个元素的子集 K
4	**for** $k \leftarrow 0$ **to** $n-2$ **do**
5	计算系数 $\xi_k = \dfrac{(n-k-2)!k!}{(n-1)!}$, $k = \lvert K \rvert$
6	$v_{K \cup i} = v_K \bigcup v_i$ $//A_{ij}$ 各子集对应编码的模糊测度为 v_K
	$//$交互指标
7	$I_{x_i x_j} = \displaystyle\sum_{k=0}^{n-2} \xi_k \cdot \sum_{K \subseteq A_{ij},\, \lvert K \rvert = k} (v_{i \cup j \cup K} - v_{i \cup K} - v_{j \cup K} + v_K)$

图 3-7　交互指标实现算法

综上可得，知识点 x_1 和知识点 x_2 之间的交互值为 -0.45，通过交互指标可以看出知识点 x_1 和知识点 x_2 之间具有一定的相关性，存在负协同关系。知识点 x_3 与知识点 x_1 和知识点 x_2 交互值均大于 0，说明知识点 x_3 对于学习目标的达成很重要。

案例分析 2　知识的全局重要度和交互指标可以用于自适应学习中规划学习者的学习路径，从知识本身的属性出发，为学习路径的规划提供策略依据。具体步骤如下：

（1）首先根据学习者的历史学习记录，划分出学习者在学科知识内的薄弱知识集合 $L = \{x_{l1}, x_{l2}, \cdots, x_{lm}\}$，$L \subseteq N$，$N$ 为学科知识集合。这里以四个薄弱的知识点为例，$L = \{x_1, x_2, x_3, x_4\}$。

（2）在获得知识集合 L 中的知识点模糊测度后，计算出知识集合 L 中各个知识的全局重要度 $\phi(x_i)$ 以及知识两两之间的交互指标 $I_{(x_i x_j)}$。

（3）以知识之间的交互指标 $I_{(x_i x_j)}$ 为弧建立加权完全无向图，如图 3-8 所示。

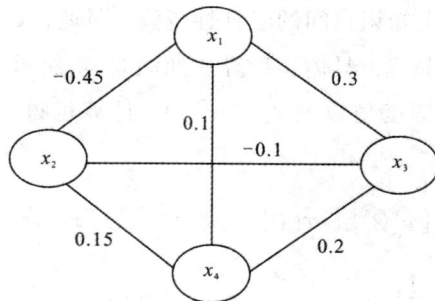

图 3-8　学习路径规划图

（4）用 e_{ij} 表示相应知识节点 x_i，x_j 之间的边，则按照边的权重大小进行排序：e_{13}—e_{34}—e_{42}—e_{41}—e_{23}—e_{12}。当权重值为负时，表示两个知识点之间的交互存在消极作用，因此要避免学习的直接发生。

（5）按照边的权重由大到小的顺序且不能构成回路的原则选择边，得到最大权重生成树：e_{13}，e_{34}，e_{42}。

（6）选择全局重要度最高的知识点 x_1（如图 3-8 所示）作为学习路径的起点，生成学习路径：$x_1 \rightarrow x_3 \rightarrow x_4 \rightarrow x_2$，按此路径安排合适的学习活动可以增强学习者的学习效果。

3.4　知识关联在认知诊断中的应用

3.4.1　知识关联的嵌入

将学习任务中的知识关联置于真实应用场景中才具有实际的意义。本节将基于学习任务的知识关联建模方法应用到认知诊断这一学习场景中，为智能教育应用中教师的教学、学习者的学习提供有效的辅助决策支持。正如第 2 章所提到的，认知诊断旨在识别学习者的认知状态，并评估学习者是否已经掌握特定的认知技能或知识，实现对学习者表现的预测。不同学习任务中，知识间的关联会影响对学习者认知过程的理解，进而影响认知诊断的准确性。

首先，遵循认知诊断的一般过程（如图 3-9(b)所示），若某项任务涉及 K_j 个知识点（任务考查的知识点标记为 1，否则为 0），学习者 i 在知识点 x_k 的掌握程度为 α_{ik}，那么（对应认知诊断理论中的理想反应模式，指的是学生理想状态下的作答情况，即学习者作答过程中既不存在猜测也不存在失误），可统一表达为

$$\eta_j = \alpha_1 \Theta \alpha_2 \Theta \cdots \Theta \alpha_K \tag{3-12}$$

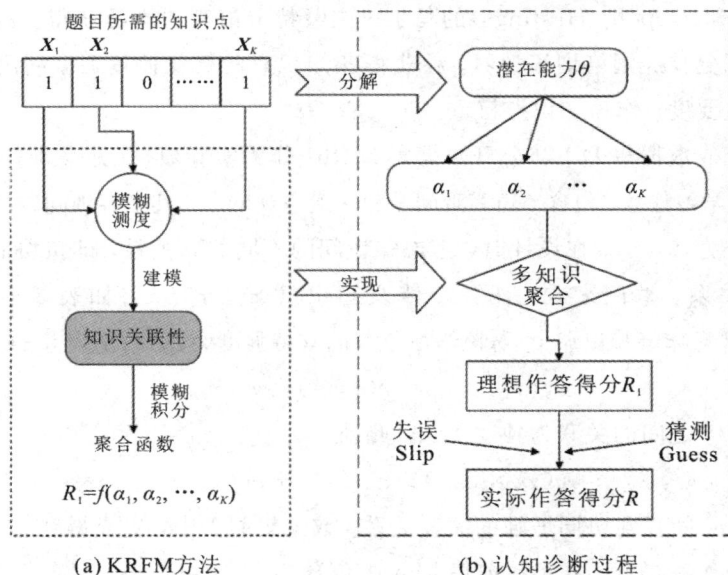

图 3-9　基于知识全局重要度的认知诊断过程

这里 Θ 表示不同的算子。比如，DINA 模型算子对应 Π 操作符，FuzzyCDF 模型算子 Θ 分别对应 min-max 操作符。也就是说，多个知识点共同作用来决定理想作答反应 η_j。

其次，基于 KRFM 方法的知识点权重嵌入认知诊断框架中（如图 3-9(a) 所示），利用 KRFM 方法获得知识的关联性，进一步计算学习任务中每个知识点的全局重要度，生成基于学习任务的知识权重 w_i^j，将 Θ 算子替换为知识权重与知识掌握程度加权计算，从而得到对应学习任务理想的作答情况 η_j。计算过程如下所示：

$$\eta_j = \sum_{i=1}^{K} w_i^j \cdot a_i \tag{3-13}$$

其中，$w_i^j = \phi(x_i)$ 对应学习任务 j 中第 i 个知识点的全局重要度。

最后，考虑学习者作答时猜测和失误的影响，最后得到预测的作答情况 R_j，进而与实际的作答得分 R 比较。

3.4.2　知识关联实验设置

由于本章的工作提出面向学习任务的知识建模方法，为了验证本章所提出的知识关联建模方法的可行性，我们开展实验来回答以下研究问题：

研究问题 1：KRFM 方法建模关联性在认知诊断应用中的预测表现如何？

研究问题 2：结合全局重要度考虑知识掌握水平对得分的影响程度如何？

研究问题 3：知识交互指标是否可以帮助更好地理解和解释知识的交互关系？

知识关联存在于学习任务中，本书将设计相关实验将知识关联的影响因素融入 FuzzyCDF 认知诊断框架开展实验。从公平性角度出发，实验采用与 FuzzyCDF 框架相同的实验参数设置（具体细节详见 FuzzyCDF 模型的实现）。其中学习者潜在能力 θ 以及知识掌握程度 $\boldsymbol{\alpha}$ 通过 M-H 式（Metropolis-Hastings）的马尔可夫蒙特卡洛算法学习获得。对于模糊测度的参数则由模糊积分神经网络训练学习。在获得各知识点的模糊测度后，利用算法 2 计算可得知识的全局重要度，作为知识点权重。

实验选择合成数据集 D1 与公开数据集 Math1 作为实验数据（见表 3-3）。合成数据集 D1 设计了 10 项学习任务，包含 6 道客观问题和 4 道主观问题，其中客观问题的得分为 $\{0,1\}$，主观问题的得分为 $[0,1]$。在设计时，考虑知识间的不同关联关系，即负协同与冗余、协同增强以及独立关系。举例来看，任务 3 涉及知识点 x_1、x_3、x_4（如表 3-4 所示），其中 $v(\{x_1\}) = 0.2$，这意味着知识点 x_1 对该学习任务的支持强度为 0.2。从表 3-4 中可以看出，

$$v(\{x_1, x_3\}) = v(\{x_1\}) + v(\{x_3\})$$

则知识点 x_1 和 x_3 之间的关联为独立关系。此外

$$v(\{x_1, x_2\}) > v(\{x_1\}) + v(\{x_2\})$$

则知识点 x_1 和 x_2 间存在协同增强的关联关系。数据集 D1 中，生成得到 5980 名学习者 10 项学习任务上的作答得分。真实数据集 Math1 包含 20 项学习任务，每项任务包含 2 个或 2 个以上的知识点。其中 15 道客观问题和 5 道主观问题，其中客观问题的得分为 $\{0,1\}$，主

观问题的得分为[0，1]。

表 3 - 3　实验数据集基本情况

数据集	学习者数量	知识点数量	学习任务	
			客观问题	主观问题
D 1	5980	4	6	4
Math1	3910	11	15	5

表 3 - 4　D 1 数据集模糊测度示例

模糊测度集合	对应取值	模糊测度集合	对应取值
$v(\varnothing)$	0	$v(\{x_3\})$	0.3
$v(\{x_1\})$	0.2	$v(\{x_1,x_3\})$	0.5
$v(\{x_2\})$	0.2	$v(\{x_2,x_3\})$	0.5
$v(\{x_1,x_2\})$	0.5	$v(\{x_2,x_3,x_4\})$	1

由于本章研究面向学习任务的知识关联建模，因此实验数据集中的每项学习任务考查的知识点数目 $K \geqslant 2$。图 3 - 10 为 D 1 数据集 $\boldsymbol{Q}$ 矩阵示例。图 3 - 10 和图 3 - 11 分别展示了数据集 D 1 和数据集 Math1 中每项学习任务对应的知识点情况，即可视化 $\boldsymbol{Q}$ 矩阵的基本情况。横坐标表示对应的知识点，纵坐标对应具体的学习任务。显然，每项学习任务均考查了多个知识点。具体来看，数据集 D 1 在任务 t_2 上考查 3 个知识点分别对应知识点 x_1、x_2 和 x_3。数据集 Math1 在任务 t_3 上考查 2 个知识点分别对应知识点 x_3 和 x_8。

图 3 - 10　D 1 数据集 $\boldsymbol{Q}$ 矩阵示例

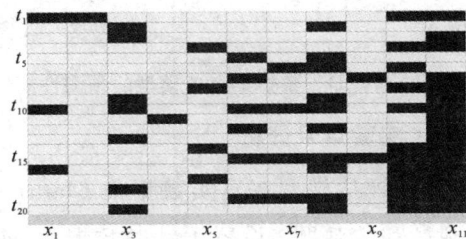

图 3 - 11　Math1 数据集 $\boldsymbol{Q}$ 矩阵示例

3.4.3　知识关联实验结果分析

1. 基于合成数据集 D 1 实验结果分析

首先在合成数据集 D 1 上，将学习任务的理想作答情况 η_j 由公式(3-13)来实现。使用回归任务中常用的性能衡量指标均方根误差(Root Mean Square Error，RMSE)和平均绝对误差(Mean Absolute Error，MAE)作为评估指标对模型预测效果进行比较。对比实验中考虑的对比基准方法包括：

(1) IRT：建模学习者的潜在特征和题目的参数实现认知诊断的方法。

(2) DINA：根据给定的 Q 矩阵、建模学习者的知识熟练程度，同时考虑误差和猜测的情况进而实现认知诊断。

(3) FuzzyCDF：建立模糊认知诊断框架，同时根据客观题和主观题实现对学习者的认知建模。

从图 3-12 中可以看出基于 KRFM 的加权平均方法的预测表现优于其他基准模型。与 FuzzyCDF 模型相比，在 80% 的训练集上 RMSE 和 MAE 误差分别下降了 2.4% 和 0.7%。而在比值为 20% 的训练集中 RMSE 和 MAE 误差分别降低了 0.5% 和 0.6%，证明该方法在数据稀疏的情况下仍然有效。同时与 IRT 以及 DINA 模型相比更是具有明显优势。由于在认知诊断过程中，增加了基于 KRFM 方法建模后的知识关联信息，进一步计算每个知识点的权重，优化了知识掌握程度到理想作答反应之间的计算过程，获得了更好的预测效果，由此可以看出基于 KRFM 方法建模知识关联的有效性，并且提高了模型的预测性能。

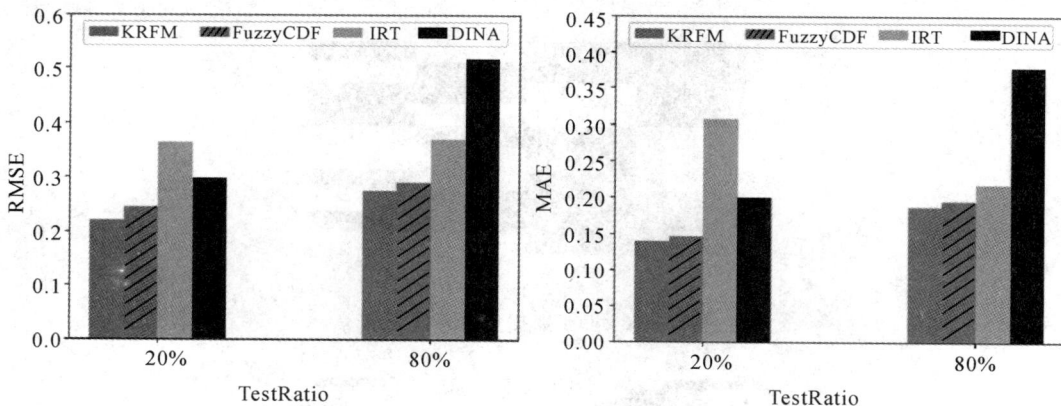

图 3-12　D 1 数据集上各模型的预测性能

2. 基于公开数据集 Math1 实验结果分析

采用平均绝对误差 MAE 来评估模型在真实数据集 Math1 中的预测表现。由于数据集 Math1 中同时包含了客观题和主观题，设置了针对数据集 Math1 中客观题的 AUC 分类指标。图 3-13 表明，基于 KRFM 的加权平均方法在认知诊断模型中增加权重后，在训练比例 80%（测试集比例为 20%）的训练集上 MAE 误差分别下降了 0.22%，相比 IRT 以及 DINA 模型则误差下降的更为明显。与 80% 的训练集相比，比值为 20% 的训练集 MAE 误差平均降低了 1.7%，此时基于 KRFM 的加权平均方法在数据稀疏的情况下预测性能具有相当优势。从图 3-14 中可以看出在考虑了知识关联信息，增加知识全局重要度后预测的 AUC 分类精度高于其他所有模型。此外，随着训练数据稀疏度的增加，优势依然存在。

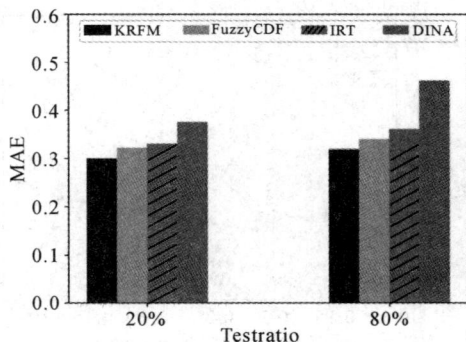

图 3-13　Math1 数据集上各模型的预测性能

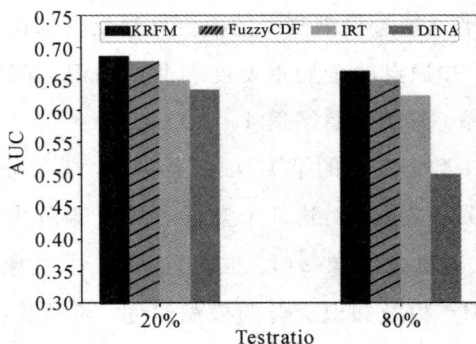

图 3-14　Math1 数据集上的 AUC 指标

结论 1：两个数据集上的实验结果表明，KRFM 方法建模关联性在认知诊断应用中的预测表现更优。相比未考虑知识关联的认知诊断模型，KRFM 方法可以更加准确地预测学习者的学习表现，即使在数据稀疏的情况下，仍具有较好的性能。

此外，从模型的解释性来看，根据 3.4 节的讨论，以模糊测度为基础，计算各个知识点在特定任务中的全局重要度，从理论上来说，越重要的知识点掌握程度对于成绩的影响也就越大。

案例分析 3　以 Math1 数据集中的主观问题为例（如图 3-15 所示），图中横轴表示每道题所涉及知识点对应的全局重要度，全局重要度基于模糊测度计算得出（见公式（3-10））。纵轴表示是否掌握知识点对得分的影响程度，通过计算知识点掌握程度与实际得分的皮尔逊相关系数可得。任务 17 所需三个知识点 $\{x_5, x_{10}, x_{11}\}$ 对应的全局重要度分别为 $\phi(x_5)=0.25$，$\phi(x_{10})=0.35$，$\phi(x_{11})=0.4$，这三个知识点的知识掌握程度与实际得分的相关系数分别为 0.6，0.67，0.72。知识的重要性越高也就意味着该知识对于学习者实际得分的影响越大。学习任务 16、18、19 也有同样的趋势。而学习任务 20 中，由于各个知识点的全局重要度相近，对应的知识点掌握程度与得分的相关系数也接近。

结论 2：越重要的知识其掌握程度对得分的影响越大，这一趋势符合一般认知规律，进一步说明了 KRFM 方法建模的合理性。

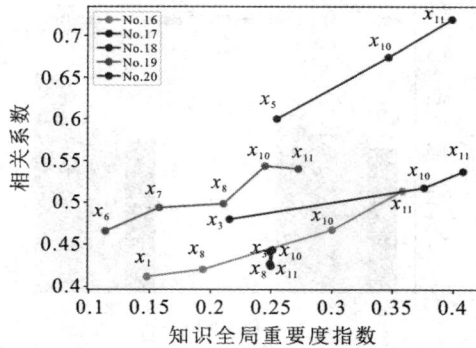

图 3-15　知识全局重要度与影响得分程度的关系

KRFM 方法建模关联性，通过模糊测度的值更好地反映知识之间的关联关系和关联强度。由此为基础，计算各个知识点的全局重要度和两两知识点间的交互指标，可以更好地理解和解释知识的关联关系。具体来看案例 4。

案例分析 4　以 Math1 数据集中的第 15 项任务为例，学习任务涉及 6 个知识点。由于仅考虑这个 6 个知识点的关联关系，对这 6 个知识点按 Q 矩阵出现顺序，重新编号简化表达如下：函数的性质（x_1）、函数的图像（x_2）、空间想象（x_3）、抽象归纳（x_4）、推理论证（x_5）以及计算（x_6）。根据各知识点以及知识集合的模糊测度，可计算得出每个知识的全局重要度以及两两知识之间的交互指标，见式（3-10）、式（3-11）。其中知识点函数的性质（x_1）、函数的图像（x_2）的全局重要程度较高 $\phi(x_1)=0.241$，$\phi(x_2)=0.212$，而重要性程度最低的 $\phi(x_6)=0.091$ 对应知识点计算（x_6）这一通用技能。对于考查函数相关的学习任务，这一结果是可接受和合理的。另外，通过交互指标可以体现知识之间的相关性，通过模糊测度计算可得知识点 x_1 和知识点 x_2 交互指标为 $I_{x_1 x_2}=-0.206$，知识点 x_1 和知识点 x_6 交互指标 $I_{x_1 x_6}=-0.068$。一般而言，交互指标越高互补性越强，那么交互指标越低，则表示知识点之间的相关性越高。根据计算结果可以看出，知识点 x_1 和知识点 x_2 之间的相关性更强。从知识点本身来看，函数的性质（x_1）和函数的图像（x_2）之间的相关性必然强于函数的性质（x_1）和计算（x_6）之间的关系。这与交互指标显示的结果是一致的，这说明了模糊测度表征知识关联的有效性。

结论 3：通过知识交互指标可以分析出知识之间存在的不同交互关系（如互补或者相关），从而更好地理解和解释知识的交互关系。

本 章 小 结

　　本章提出了面向学习任务的知识关联建模方法。首先，提出面向学习任务的知识关联依赖学习任务而产生的观点。依据认知心理学，划分了三种不同的知识关联类型。其次，引入模糊测度提出知识关联的建模方法（KRFM），对这三种类型的知识关联进行建模，由此实现对知识集合关联关系的量化表达。基于 KRFM 方法，进一步拓展延伸，探讨了知识全局重要度和交互指标，设计了相应的实现算法。最后将 KRFM 方法应用于认知诊断这一场景中，将知识关联嵌入到现有模型并生成知识点权重，利用加权平均的算法得到理想作答反应。分别在合成数据集和真实数据集上开展了实验，从学习表现预测以及知识关联的可解释性两个方面，验证了 KRFM 方法的有效性和可行性，这也充分表明了知识关联在智能教育的实际学习场景具有实际的应用价值。

第 4 章　面向认知诊断的知识聚合方法

　　认知诊断的核心任务是评估学习者的认知状态(本研究中特指知识的掌握程度)。传统认知诊断模型中,聚合方式依赖人工确定,因此具有相当好的可解释性,但泛化性较弱,应用场景受到较大的局限。近期,研究人员提出了基于机器学习的认知诊断方法,主要依赖于"黑盒"的神经网络,但缺乏可解释性,对于学习的指导意义有限。第 3 章的研究表明,面向学习任务的知识关联普遍存在且会对认知诊断产生影响。因此,本章将重点研究如何融合关联信息构建面向认知诊断的知识聚合方法,以期提高模型性能的同时增强其泛化性和解释性。本章将首先阐述现有的知识聚合方法;其次,结合面向学习任务的知识关联关系,提出一种融合知识关联的知识聚合方法,包括知识权重的表征和聚合函数的选择。同时,将提出的聚合方法与现有模型进行比较,并推导证明该方法的泛化性。此外,利用提出的知识聚合方法进一步拓展认知诊断多策略问题的研究思路。最后,在合成数据集和真实数据集上验证所提出的知识聚合方法的效果,并对研究工作进行总结。

4.1　认知诊断中的知识聚合

　　认知诊断是一类基于学习者学习行为数据(主要为学习者的作答数据)诊断学习者学习状态(知识、技能是否掌握,掌握到何种程度)的理论和方法。具体来看,认知诊断通过对学习者的作答数据(对错或分数)进行建模,获得学习者知识状态的诊断结果,即诊断出学习者在各知识点上的掌握程度。给定一个学习任务集合 $T=\{t_1, t_2, \cdots, t_K\}$,通过 Q 矩阵确定每项学习任务考查的知识点,如学习任务 t_1 考查知识点 x_1、x_2 和 x_5,而学习任务 t_4 考查知识点 x_1、x_3 和 x_5。根据学习者在任务 t_1、t_2 以及 t_3 上的作答表现(答对或者答错),推断其在各个知识点上的认知状态(即知识掌握程度),进而预测学习者在未来的学习任务 t_4 上的学习表现(如对或错)(如图 4-1 所示)。认知诊断的结果可以在教育场景中进一步扩展,如根据学习者的认知状态,提供学习表现预测、学习资源推荐、学习路径规划、学业风险预警等。尽管目前已有不少的认知诊断模型,但其基本的流程大体一致。沿用传统认知诊断模型中的框架,可将认知诊断模型划分为如图 4-2 所示的结构,图中虚线框对应多个知识的聚合过程。本节使用聚合(Aggregation)的概念来表示知识组合的过程。一般来说,聚合是将 N 种不同的输入组合起来,这样得到的整体结果在某种程度上比仅使用单个输入获得的结果更好。

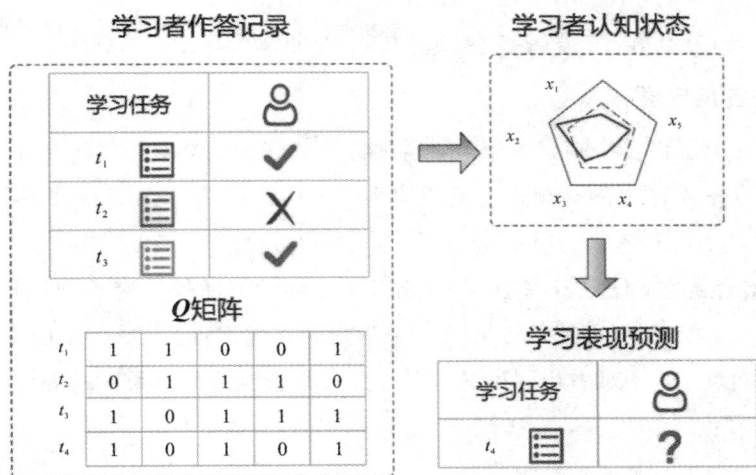

图 4-1　面向学习任务的认知诊断过程

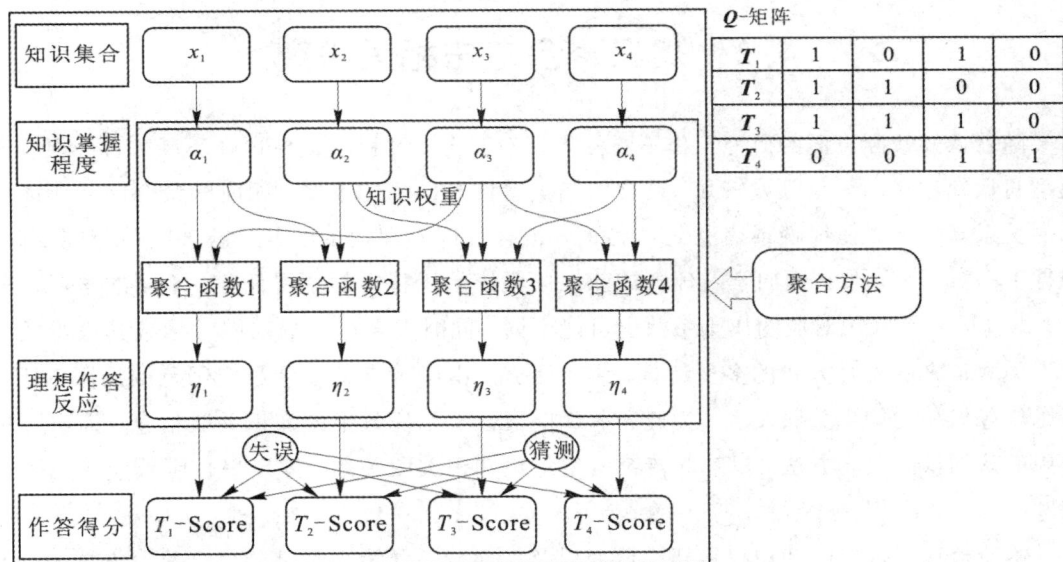

图 4-2　认知诊断一般流程

1. 知识集合层

模型的第一层由 Q 矩阵确定各学习任务所考查的知识点。比如，学习任务 t_1 仅需知识点 x_1 和 x_2，而任务 t_3 则需要知识点 x_1、x_2 和 x_3 共同作用才能完成。通过 Q 矩阵建立起学习任务与所考查的知识点间的联系。

2. 知识掌握程度层

知识掌握程度层将学习者的潜在能力进行分解，形成在 K 个知识点上的掌握程度向量，表达如下：

$$\boldsymbol{\alpha}_i = (\alpha_{i1}, \alpha_{i2}, \cdots, \alpha_{iK}) \qquad (4-1)$$

其中，$\alpha_{ik} \in [0, 1]$ 表示第 i 个学习者在知识点 x_k 上的掌握程度。

3. 理想作答反应层

理想作答反应层将多个知识点聚合，通过特定的聚合函数获得的理想作答反应，则第 i 个学习者在学习任务 t_j 上的理想作答反应记为

$$\eta_{ij} = f(\alpha_{i1}, \alpha_{i2}, \cdots, \alpha_{iK_j}) \qquad (4-2)$$

其中，f 表示聚合函数，任务 t_j 考查 K_j 个知识点。如学习任务 t_3 考查知识点 x_1、x_2 和 x_3，对应 $\eta_{i3} = f(\alpha_{i1}, \alpha_{i2}, \alpha_{i3})$，也就是 η_{i3} 由第 i 个学习者在知识点 x_1、x_2 和 x_3 上的掌握程度和聚合函数 f 共同决定。不难看出，知识的聚合方式是影响诊断结果的重要因素之一。

4. 作答得分层

作答得分层考虑学习者做题过程中可能出现的猜测或者失误的情况，从而获得最终作答得分。

4.2　知识聚合方法相关研究

随着认知诊断方面的研究工作不断深入，关于认知过程的建模也在不断加深。现有的模型对认知过程的简化假设较强，通常将知识看作是同等的重要，相应的聚合函数所能刻画的关系基本上还是线性或者接近线性的，拟合程度不深，导致实际场景应用范围受限。根据上一章研究可知，面向学习任务的知识关联依赖于特定的学习任务，不同的学习任务中，即使同一个知识对应的权重系数也可能不同。同时聚合函数的局限性导致其很难反映知识关联带来的聚合方式的多变特性。综上可知，由于现有聚合函数应用范围局限，且未考虑任务依赖的知识关联关系，为此，本章将融合学习任务中的知识关联信息，提出一种通用的认知诊断聚合方法，以克服传统模型忽略知识关联关系、固定聚合函数应用局限等问题。

本节梳理了现有的知识权重建模研究以及认知诊断模型中常见的聚合建模方法。多个知识共同作用的学习任务中，如何实现多知识的聚合是一个重要的问题。一方面，考虑在聚合过程中各知识点的权重系数如何表达；另一方面，考虑各知识之间通过怎样的方式实现聚合，即采用的聚合函数。

4.2.1　知识权重的建模

现有的认知诊断工作中，仅有少量的研究涉及知识权重。大多数认知诊断模型将学习任务中涉及的多个知识看作是具有同等的重要性。Tatsuoka 提出解决问题方案或完成任务时，某些技能会比其他技能更为重要，起到更为关键的作用。在 G-DINA 模型中则考虑知识之间的相互作用，并将其影响之和进行分解形成了知识的权重表达。Lei 等人认为不同的

属性(知识点)具有不同的重要性，要对其分配不同的权重。若一个学习者在掌握了某些知识时，正确回答某个问题的概率更高，则认为这些知识对解决问题更为重要，从而获得更高的权重。现有的这些工作表明了知识权重对于认知诊断的重要性。当掌握某些知识的学习者有更高的答对概率时，可以认为这些知识更重要。然而，现有的研究在考虑权重时，仅从单个知识点进行考虑，将知识点置于知识集合中进行研究的工作相对缺乏，忽略了在不同知识集合间的关联对权重的影响。

举例来说，某项任务需要 4 个知识点 $X = \{x_1, x_2, x_3, x_4\}$，由表 4-1 中可以看出，掌握知识点 x_2 和 x_3(1 表示掌握，0 表示未掌握)的正确作答概率与学习者只掌握知识点 x_2 时的正确作答概率相近。若同时掌握了知识点 x_1 和 x_4，则可以获得较高的正确作答概率，与同时掌握四个知识点的概率接近。

表 4-1　知识点对学习任务达成的影响示例

知识点 x_1	知识点 x_2	知识点 x_3	知识点 x_4	正确作答概率 P
1	0	0	0	0.3
0	1	0	0	0.45
1	0	0	1	0.95
0	1	1	0	0.5
1	1	1	1	1

在这里，每个知识点会影响到最终的作答结果，但它们的影响程度不同。这与知识点在特定学习任务中的权重有关。知识集合 $\{x_1, x_4\}$ 与知识集合 $\{x_2, x_3\}$ 之间存在何种关联，知识集合的权重如何表达，都需要进一步深入分析研究。

4.2.2　知识聚合的建模

目前认知诊断研究中，常见的知识聚合方式有两类：联结型和补偿型。联结型的聚合方式广泛应用于认知诊断模型，如 DINA 模型和 G-DINA 模型(Generalized DINA Model)等。这类模型认为学习者需要掌握学习任务考查的所有知识点，才能正确作答。以 DINA 为例，该模型的聚合方式被定义为

$$f(\alpha_{i1}, \alpha_{i2}, \cdots, \alpha_{iK}) = \prod_{k=1}^{K} a_{ik}^{q_{jk}} \qquad (4-3)$$

其中，α_{ik} 表示第 i 个学习者在知识点 x_k 上的掌握程度，q_{jk} 用来标记学习任务 t_j 是否需要知识点 x_k。而在补偿型聚合方式中，某些知识点可以弥补其他知识点的缺乏，如 DINO 模型(Deterministic Input，Noisy-or-Gate Model)、RRUM 模型(Reduced Reparametrized Unified Model)等。以 DINO 为例，聚合方式被定义为

$$f(\alpha_{i1}, \alpha_{i2}, \cdots, \alpha_{iK}) = 1 - \prod_{k=1}^{K} (1 - \alpha_{ik})^{q_{jk}} \qquad (4-4)$$

基于这两类聚合方式的基本思想，Wu 等人进一步区分了客观题和主观题的聚合。对于客观题，知识间的聚合采用联结方式，而对于主观题则采用补偿型方式进行多个知识聚合。

客观题聚合方式建模形式如下：

$$f(\alpha_{i1}, \alpha_{i2}, \cdots, \alpha_{iK}) = \min\{\alpha_{ik} \mid q_{jk} = 1, k = 1, 2, \cdots, K\} \qquad (4-5)$$

主观题聚合方式建模形式如下：

$$f(\alpha_{i1}, \alpha_{i2}, \cdots, \alpha_{iK}) = \max\{\alpha_{ik} \mid q_{jk} = 1, k = 1, 2, \cdots, K\} \qquad (4-6)$$

本章针对具体某个学习者在特定学习任务上的表现，为方便描述，下文中将 η_{ij} 简化为 η，α_{ik} 简化为 α_k。

然而，一项学习任务中涉及的知识点越多，知识间的关联就越复杂，此时聚合方式的建模将是一个更具挑战性的问题。比如，学习者掌握知识点 x_1 与 x_2 中的一个以及知识点 x_3 与 x_4 中的一个，与全部掌握时的作答情况相近，可表示为 $(x_1 \vee x_2) \wedge (x_3 \vee x_4)$。然而，无论是联结型还是补偿型聚合方法都不能有效地表达多知识之间的聚合。综上所述，无论使用哪种认知诊断模型，一旦涉及包含多个知识点的学习任务，认知诊断都需要考虑多个知识间的聚合方式。因此，本章重点研究面向认知诊断的知识聚合方法，同时进一步探讨聚合方法的泛化性，提出一种独立于任何特定的认知诊断模型的聚合方法。

4.3　基于 Sugeno 积分的通用知识聚合方法

本节提出基于 Sugeno 积分的通用知识聚合方法（Generalized Multi-skill Aggregation Method Based on Sugeno Integral，以下简称 SI - GAM）。SI - GAM 根据知识集合的权重，结合学习者在各知识点上的掌握程度，通过 Sugeno 积分获得理想作答反应，以实现认知诊断的过程。因此，SI - GAM 的建模包括两部分：知识权重的表征和聚合函数的选择。

4.3.1　知识权重的表征

第 3 章提出了面向学习任务的知识关联建模方法，使用模糊测度实现了知识关联关系的量化建模。对于每个学习任务而言，知识间的关联都会影响该知识或知识集在任务达成中的贡献度。认知诊断中，知识的权重被解释为某种重要性或贡献度，即单知识点或知识集合对于正确作答的支持强度。通常情况下，认为掌握某些知识比掌握其他知识更有用，可以增加作答成功的可能性，也就是说，掌握某些知识对于正确作答的支持强度更高。正如 Jimmy 的研究中提到的，掌握某学习任务所需 4 个知识点中的 3 个，即执行分数减法操作(对应知识点 x_1),从分数中分离整数(对应知识点 x_3),并从整数中借一(对应知识点 x_4),与任何其他知识子集相比,更加明显地提高了正确作答的概率。这意味着,由这三个知识点构成的集合对于正确作答的支持强度高于其他知识子集。知识集合 $\{x_1, x_3, x_4\}$ 权重的确定不仅考虑这三个知识点自身的贡献度,还考虑它们之间的关联关系对集合贡献度的影响。不同的知识点或知识集合对任务的达成可能有不同的支持强度,即知识权重不同,因此,研究知识权重的表征的建模,融合知识关联关系体现知识集合的权重,将有助于更好地理解学习者的认知过程。

　　根据 3.2.1 节知识关联关系类型的讨论,将知识的关联关系类型分为负协同或冗余、增强协同以及独立三种。考虑较为简单的情况,某一学习任务需要知识点 x_1,x_2,令 $X_1=\{x_1\}$, $X_2=\{x_2\}$, $X=X_1 \cup X_2$,显然 $\omega_X=1$,表示涉及的所有知识点构成的集合对于正确作答的支持力度为 1。

　　若知识集合 X_1 和 X_2 之间为冗余关系,知识点 x_1 是 x_2 的先决条件,那么可以得出 $\omega_{X_2}=1$, $\omega_{X_1}<\omega_{X_2}$。不难发现 $\omega_{X_1}+\omega_{X_2}\neq 1$,则

$$\max(\omega_{X_1}, \omega_{X_2})\leqslant\omega_{(X_1\cup X_2)}<\omega_{X_1}+\omega_{X_2} \tag{4-7}$$

　　若知识集 X_1 和 X_2 之间为增强协同关系,则

$$\omega_{(X_1\cup X_2)}>\omega_{X_1}+\omega_{X_2} \tag{4-8}$$

　　若知识集 X_1 和 X_2 之间为独立关系,则

$$\omega_{(X_1\cup X_2)}=\omega_{X_1}+\omega_{X_2} \tag{4-9}$$

　　由此可以看出,知识权重之间是一种非可加的关系,融合知识关联后的知识权重可由模糊测度的非可加性来满足多知识聚合的权重计算。举例来看,完成某一学习任务的知识集合 $X=\{x_1, x_2, x_3, x_4\}$,假定 $\omega_{x_1}=0.2$, $\omega_{x_2}=0.3$,从贡献度来看,知识点 x_2 对于达成学习任务的支持力度高于知识点 x_1。也就是说,对于学习任务的达成,知识点 x_2 比知识点 x_1 更为重要。当学习者同时掌握了知识点 x_2 和 x_1 时,知识集合 $\{x_1, x_2\}$ 的权重不能直接进行加权计算来获得,因为还需要考虑两者之间的关联关系。若知识集合 $\{x_1, x_2\}$ 的权重 $\omega_{\{x_1, x_2\}}=0.32$,显然知识点 x_1 和 x_2 之间存在负协同关系,相比只掌握知识点 x_2,掌握了知识集合 $\{x_1, x_2\}$ 的贡献度并未显著提高。因此,考虑知识权重时,不仅体现单个知识点的贡献度,同时依据知识间的关联从全局的角度来衡量知识集合的贡献度,显然更加符合实际的情况,也更具可解释性。知识的权重可看作是模糊测度在认知诊断中的应用实例。因此,用模糊测度来表征知识的权重。给出知识权重的定义如下:

　　定义 4.1　认知诊断中的知识权重:令知识集合 $X=\{x_1, x_2, \cdots, x_K\}$, $\forall A\subseteq X$, $v(A)$ 对应知识集合 A 在特定学习任务中的权重 ω_A,即知识集合 A 对于达成学习任务的支持力度,这里 $v(A)$ 定义为认知诊断中的知识权重。

　　这里,集合 A 可以表示单个知识点集合,也可以表示多个知识点构成的知识集合。 $v(A)$ 同样遵循模糊测度的弱单调性,即 $B\subseteq A$ 时, $v(B)\leqslant v(A)$。某项任务涉及 4 个知识

点，对应 2^4 个模糊测度值（如表 4 - 2 所示）。以知识点 x_1 为例，$v(\{x_1\}) < v(\{x_1, x_2\})$，也就是知识集合 $\{x_1, x_2\}$ 对学习任务达成的支持力度大于单个知识点 x_1 的支持力度。同时 $v(\{x_1, x_2\}) < v(\{x_1\}) + v(\{x_2\})$，这是由于知识点 x_1 和 x_2 之间存在负协同关系。知识集合 $\{x_1, x_2, x_3\}$ 对应的权重不满足可加性，即知识集合 $\{x_1, x_2\}$ 和知识点 x_3 共同作用的支持力度并不等于它们单独的支持力度之和，因为

$$v(\{x_1, x_2, x_3\}) > v(\{x_1, x_2\}) + v(\{x_3\})$$

知识集合 $\{x_1, x_2\}$ 与知识点 x_3 间存在增强促进的关联关系。模糊测度的非可加性可以反映这种关联关系，从而实现对各知识集合的非可加权重的建模表征。

表 4 - 2　知识权重的表示

知识集合	权重取值	知识集合	权重取值
$v(\varnothing)$	0	$v(\{x_2, x_3\})$	0.55
$v(\{x_1\})$	0.2	$v(\{x_2, x_4\})$	0.75
$v(\{x_2\})$	0.3	$v(\{x_3, x_4\})$	0.78
$v(\{x_3\})$	0.1	$v(\{x_2, x_3, x_4\})$	0.85
$v(\{x_4\})$	0.6	$v(\{x_1, x_2, x_3\})$	0.87
$v(\{x_1, x_2\})$	0.32	$v(\{x_1, x_2, x_4\})$	0.9
$v(\{x_1, x_3\})$	0.52	$v(\{x_1, x_3, x_4\})$	0.92
$v(\{x_1, x_4\})$	0.72	$v(\{x_1, x_2, x_3, x_4\})$	1

4.3.2　聚合函数的选择

1. 聚合函数的重要性

在实际的学习场景中，选择不同的聚合函数会影响理想作答反应 η 的计算结果。以编程实现输出加法运算结果为例，如图 4 - 3 所示，由 Q 矩阵可知，该任务涉及四个知识点 $X = \{x_1, x_2, x_3, x_4\}$。

学习任务	算术运算符 x_1	算术表达式 x_2	输入输出函数 x_3	prinf 函数 x_4
输出加法运算结果	1	1	1	1

图 4 - 3　编程任务示例

　　首先考虑二级评分/二分属性的认知诊断模型，即学习者的知识掌握程度取值只能为 0 或 1（掌握为 1，未掌握为 0），同时学习者作答得分为 0、1 计分（答对记为 1，答错记为 0）。对应的典型代表有 DINA 和 DINO 模型。设 $\alpha_1=1$，$\alpha_2=0$，$\alpha_3=0$，$\alpha_4=0$（见表 4-3），则聚合方式为联结型时，DINA 模型选择连乘的方式作为聚合函数，计算理想作答情况 $\eta=0$（见式（4-3）），而 DINO 模型的补偿型聚合函数（见式（4-4））可得理想作答情况 $\eta=1$。可见，二级评分的认知诊断模型中，选择不同的聚合方式计算的结果也不相同。选择不同的聚合函数会影响理想作答反应 η 的计算，进而决定了认知诊断结果的准确性和有效性。

表 4-3　二级评分认知诊断模型的聚合函数

聚合方式	知识掌握程度（二分属性）			
	$\alpha_1=1$	$\alpha_2=0$	$\alpha_3=0$	$\alpha_4=0$
联结型	$\eta=\prod\limits_{k=1}^{4}\alpha_k=0$			
补偿型	$\eta=1-\prod\limits_{k=1}^{4}(1-\alpha_k)=1$			

　　知识聚合方式对于多级评分的多分属性认知诊断模型同样具有重要影响。以 FuzzyCDF 模型为例，该模型中学习者的知识掌握程度表示为 $[0,1]$ 区间的模糊变量，即 $0\leqslant\alpha\leqslant1$。若聚合方式为联结型，则使用 min 操作符作为聚合算子构建相应的聚合函数；若聚合方式为补偿型，则使用 max 操作符作为聚合算子构建相应的聚合函数。如表 4-4 所示，显然不同的聚合方式下，计算结果不一样。上述讨论，说明选择不同的聚合函数会影响理想作答反应。

表 4-4　多级评分认知诊断模型的聚合函数

聚合方式	知识掌握程度（模糊变量）			
	$\alpha_1=0.9$	$\alpha_2=0.3$	$\alpha_3=0.4$	$\alpha_4=0.6$
联结型	$\eta=\min(\alpha_1,\alpha_2,\alpha_3,\alpha_4)=0.3$			
补偿型	$\eta=\max(\alpha_1,\alpha_2,\alpha_3,\alpha_4)=0.9$			

　　通常来说，基于任一知识缺乏学习者无法正确回答的假设，则使用联结型的聚合函数。相反，若任何一个知识都能弥补其他知识的缺乏，学习者只需要掌握其中一个知识点就可以正确作答，基于这样的假设，则补偿型聚合是一个更合适的选择。然而，知识关联关系的存在使得聚合函数的选择更为复杂，知识集合对于正确作答的支持度不能仅简单地使用联结型或补偿型。对于认知诊断中的聚合方法，首先要考虑融合知识关联关系后的知识权重

表达，同时，选择合适的聚合函数来体现知识权重和不同的聚合方式。下面将引入模糊积分中的 Sugeno 积分来实现多知识聚合建模。

2. 基于 Sugeno 积分的多知识聚合建模

模糊积分允许在不同关联关系的假设下对信息源进行信息聚合。也就是说，聚合的信息之间存在一定的交互作用。交互作用可能是相互独立的，也可能是非独立的。Sugeno 积分是模糊积分中的一类典型代表。根据上一章的讨论可知，多知识聚合时，知识集合之间存在的关联关系同样存在独立和非独立的情况。认知诊断中，聚合的信息并不是知识点本身，而是学习者的认知状态，即在各个知识点上的知识掌握程度，这里将知识掌握程度记作：

$$\alpha_k = h(x_k) \tag{4-10}$$

可以看作是知识点 x_k 投影表征后的变换：$x_k \rightarrow h(x_k)$。

模糊积分以模糊测度为核心建立度量，这个过程从信息源集合到一个适当的域，如 $[0,1]$ 区间的得分概率。理想作答反应 $\eta = f(\alpha_1, \alpha_2, \cdots, \alpha_K)$ 取决于学习者在多个知识点上的掌握程度以及聚合方法。换句话说，可以聚合学习者在各个知识点上的掌握程度来评估一个学习者的学习表现。那么理想作答反应就可以通过模糊积分计算得出。现有的研究中，相比于二级评分的认知诊断模型，FuzzyCDF 模型的适用范围更广，该模型引入 min-max 算子分别处理联结型和补偿型的聚合方式。而模糊积分中 Sugeno 积分仅依赖于 $\vee$ 和 $\wedge$ 这两个聚合算子，实际是泛化后的 max-min 算子。两者之间具有天然的相似性。因此，本节以 Sugeno 积分作为模糊积分的典型代表构建聚合函数。

定义 4.2　基于 Sugeno 积分的多知识聚合函数： *给定一个有限知识集合 $X = \{x_1, x_2, \cdots, x_K\}$，各知识集合的权重用模糊测度表示为 $v: 2^X \rightarrow [0,1]$，函数 $h: X \rightarrow [0,1]$ 为定义在 X 上的实值函数，表示各知识点上的掌握程度 α_k。其中 $h = (h(x_1), h(x_2), \cdots, h(x_K))$。多知识聚合函数定义如下：*

$$f(\alpha_1, \alpha_2, \cdots, \alpha_K) = \bigvee_{A \subseteq X} \left[\min_{x_k \in A} h(x_k) \wedge v(A) \right]$$

$$= \bigvee_{k=1}^{K} \left[\alpha_k \wedge v\{x_k | h(x_k) \geqslant \alpha_k\} \right] \tag{4-11}$$

这里，对于所有的知识集合 $A \subseteq X$，$v(A) \in [0,1]$。不失一般性，令 $h(x_k)$ 是关于知识点 x_k 的单调递增函数：$0 = h(x_1) \leqslant h(x_2) \leqslant \cdots \leqslant h(x_k) \leqslant 1$。式（4-11）中包含 $\vee$ 和 $\wedge$ 这两个聚合算子。当且仅当 $a \geqslant b$ 时，$\vee(a, b) = a$，$\wedge(a, b) = b$。由此构建基于 Sugeno 积分的通用知识聚合方法（SI-GAM）。

计算理想作答反应 η 时，根据式（4-11）重构了 Sugeno 积分的表达式实现多知识的聚合，将 $h(x_k)$ 替换为对应由 x_k 的知识掌握程度 α_k 的有序排列引出的链嵌套子集。

$$\eta = \bigvee_{k=1}^{K} \left[\alpha_k \wedge v(\{x_l | a_l \geqslant a_k\}) \right] \tag{4-12}$$

SI-GAM 方法中，给定知识集合 X 的某个知识点 x_l，其对应的知识掌握程度为 α_l，α_k 对应知识集合 X 中第 k 个知识点的掌握程度。按从小到大的顺序将 a_k 重新排列，排序后表

示为 $\alpha_{(k)}$，即由 $\alpha_{(1)} \leqslant \alpha_{(2)} \leqslant \cdots \leqslant \alpha_{(K)}$ 生成的有序排列结果。

$$\alpha_{(1)} = \min(\alpha_1, \alpha_2, \cdots, \alpha_K) \tag{4-13}$$

$$\alpha_{(K)} = \max(\alpha_1, \alpha_2, \cdots, \alpha_K) \tag{4-14}$$

结合认知诊断中多知识聚合的实际含义，将 SI-GAM 进一步简化表达为

$$\eta = \bigvee_{k=1}^{K} [\alpha_{(k)} \wedge v(A_{(k)})] \tag{4-15}$$

其中，$A_{(k)} = \{x_{(k)}, x_{(k+1)}, \cdots, x_{(K)}\}$，这里的知识点 $x_{(k)}$ 对应排序后的知识掌握程度 $\alpha_{(k)}$。

案例分析 1　某一学习任务考查的知识集合 $X = \{x_1, x_2, x_3, x_4\}$，根据学习者在这四个知识点上的掌握程度，结合知识权重，可以计算出理想作答反应 η。考虑多级评分的情况，已知某个学习者在 x_1, x_2, x_3, x_4 这四个知识点上的掌握程度分别为 $\alpha_{(1)} = 0.3$，$\alpha_{(2)} = 0.4$，$\alpha_{(3)} = 0.6$，$\alpha_{(4)} = 0.9$。结合表 4-1 中的模糊测度值，用 SI-GAM 方法实现多知识聚合，具体过程如下：

$$
\begin{aligned}
\eta &= \bigvee_{k=1}^{4} [\alpha_{(k)} \wedge v(A_{(k)})] \\
&= (\alpha_{(1)} \wedge v(\{x_{(1)}, x_{(2)}, x_{(3)}, x_{(4)}\})) \vee (\alpha_{(2)} \wedge v(\{x_{(2)}, x_{(3)}, x_{(4)}\})) \\
&\quad \vee (\alpha_{(3)} \wedge v(\{x_{(3)}, x_{(4)}\})) \vee (\alpha_{(4)} \wedge v(\{x_{(4)}\})) \\
&= \max(\min(0.3, 1), \min(0.4, 0.92), \min(0.6, 0.72), \min(0.9, 0.2)) \\
&= 0.6
\end{aligned}
$$

在多知识聚合过程中，融入知识关联关系来表征知识权重，同时引入模糊积分来实现多知识的聚合。SI-GAM 方法将学习者对各知识的掌握程度作为聚合的信息源，通过 Sugeno 积分函数将其与知识权重进行组合计算。在本节所提出的 SI-GAM 中，融合知识关联的权重用模糊测度来表示，用泛化后的 min-max 操作符 $\vee$ 和 $\wedge$ 表示聚合函数，以实现多知识聚合方法的建模。

4.3.3　与现有模型的聚合方法比较

为了进一步讨论 SI-GAM 方法的泛化性，将 SI-GAM 方法与现有模型中的聚合方法进行比较。通过公式推导，证明 SI-GAM 方法在现有聚合方式中的适用性。首先，讨论二级评分认知诊断模型中的 2 个典型代表 DINA 模型和 DINO 模型，分别对应联结型聚合方式和补偿型聚合方式。其次，与多级评分的 FuzzyCDF 模型进行比较，证明 SI-GAM 在多级评分模型不同聚合方式下的表达能力。由于大多数认知诊断模型认为每个知识点具有相同权重，为不失一般性，这里将模糊测度的值简化表达为 $\{0, 1\}$，也就是说，若知识集合 $A \subseteq X$ 可以支持正确作答，则 $v(A) = 1$，否则 $v(A) = 0$。

1. 与二级评分 DINA 认知诊断模型的比较

DINA 模型适用的聚合方式为联结型，即当且仅当学习者掌握所有知识点时，才可正确作答。转化模糊测度的表征方式，进一步表述为所有知识点构成的知识集合对于正确作

答的支持力度为 1，其余均为 0。因此，将模糊测度定义为

$$
v(A) = \begin{cases} 1, & A = X \\ 0, & 其他 \end{cases}
$$

使用 SI-GAM 聚合方法，根据式（4-15）计算理想作答反应：

$$
\begin{aligned}
\eta &= \bigvee_{k=1}^{K} \left[\alpha_{(k)} \wedge v(A_k) \right] \\
&= (\alpha_{(1)} \wedge 1) \vee (\alpha_{(2)} \wedge 0) \vee \cdots \vee (\alpha_{(K)} \wedge 0) \\
&= \alpha_{(1)}
\end{aligned}
\tag{4-16}
$$

由式（4-16）可知，掌握程度最低的知识决定了理想作答反应 η 的值。而 DINA 模型中 $\alpha_k = 0$，则表明该学习者未掌握知识点 x_k。该模型的聚合使用连乘的方式计算理想作答反应 η，其中只要有一个知识点掌握程度为 0，$\alpha_{(1)} = 0$，则 $\eta = 0$，否则为 1。同样也是由知识掌握程度最低的知识点来确定 η 值。可见，从上述两种聚合方法中得到的理想作答反应 η 的值相同。

案例分析 2　某一学习任务涉及的知识集合 $X = \{x_1, x_2, x_3, x_4\}$，各知识点知识掌握程度如表 4-5 所示。学习者在知识点 x_3 上的掌握程度最低，$\alpha_3 = 0$。使用 SI-GAM 方法，首先对知识掌握程度按递增方式重新排序，$\alpha_{(1)} = \alpha_3 = 0$，$\alpha_{(2)} = \alpha_1 = 1$，$\alpha_{(3)} = \alpha_2 = 1$，$\alpha_{(4)} = \alpha_4 = 1$。根据式（4-15）的定义，计算 $\eta = 0$。具体过程见表 4-5。

表 4-5　SI-GAM 与现有聚合方法的比较

聚合方式	知识掌握程度			
	$\alpha_1 = 1$	$\alpha_2 = 1$	$\alpha_3 = 0$	$\alpha_4 = 1$
联结型	$\eta = 1 \times 1 \times 0 \times 1 = 0$			
SI-GAM	$\eta = (0 \wedge 1) \vee (1 \wedge 0) \vee (1 \wedge 0) \vee (1 \wedge 0) = 0$			

表 4-5 表明两种聚合方法得到的结果相同，因此，可以将 SI-GAM 看作二分级认知诊断的联结型聚合方式的一种变体。换句话说，基于 DINA 模型的联结型聚合方式是 SI-GAM 方法的特例。

2. 与二级评分 DINO 认知诊断模型的比较

DINO 模型被认为是 DINA 模型的补偿版本，模型假定学习者只要掌握学习任务所需的任一知识，即可正确作答。也就是知识间可以互相补偿。聚合方式具体见公式（4-4），若某学习者掌握了知识点 x_k，$\alpha_k = 1$，则

$$
\eta = 1 - \prod_{k=1}^{K} (1 - \alpha_k) = 1
\tag{4-17}
$$

相反，若该学习者未掌握知识点 x_k，则 $1 - \alpha_k = 1$。DINO 模型的理想作答反应进一步表达为

$$\eta = \begin{cases} 1, & \max(\alpha_k) = 1 \\ 0, & \max(\alpha_k) = 0 \end{cases} \quad (4-18)$$

因此 $\max(\alpha_k) = \alpha_{(K)}$，$\eta$ 的值取决于掌握程度最高的知识点。由于 DINO 采用补偿型的聚合方式，$\forall x_k$，模糊测度 $v(\{x_k\}) = 1$，$x_k \in X$，X 表示当前任务所考查的知识点集合。由模糊测度的单调性，可知 $x_k \in A$，则 $v(A) = 1$。基于 SI-GAM 方法的理想作答情况记作：

$$\begin{aligned} \eta &= \bigvee_{k=1}^{K} [\alpha_{(k)} \wedge v(A_k)] \\ &= (\alpha_{(1)} \wedge 1) \vee (\alpha_{(2)} \wedge 1) \vee \cdots \vee (\alpha_{(K)} \wedge 1) \\ &= \alpha_{(K)} \end{aligned} \quad (4-19)$$

由式(4-19)可知，η 的值由知识掌握程度最高的知识点决定。这与 DINO 的聚合计算的结果相一致。可见，DINO 模型中的补偿型聚合方式也可看作是 SI-GAM 方法的一个特例。

3. 与多级评分 FuzzyCDF 认知诊断模型的比较

正如第 2 章所提到的，FuzzyCDF 是一个多级评分的多分属性认知诊断模型，分别针对客观题和主观题提出了联结型和补偿型两种聚合方式。下面将分别对这两种情况下 SI-GAM 聚合方法的适用性进行讨论。

1) 针对客观题的联结型聚合

FuzzyCDF 的联结型聚合结果计算，根据式(4-5)可得

$$\eta = \min(\alpha_1, \alpha_2, \cdots, \alpha_K) = \alpha_{(1)} \quad (4-20)$$

其中，$\alpha_{(1)}$ 表示知识点掌握程度最低的值。由于聚合方式为联结型，当且仅当学习者掌握所有知识点时支持力度为 1，其余均为 0，因此可知 $v(X) = 1$，X 为对应学习任务考查的所有知识点集合。$\forall A \subset X$，$v(A) = 0$，则利用 SI-GAM 方法计算，具体如下：

$$\begin{aligned} \eta &= \bigvee_{k=1}^{K} [\alpha_{(k)} \wedge v(A_k)] \\ &= (\alpha_{(1)} \wedge 1) \vee (\alpha_{(2)} \wedge 0) \vee \cdots \vee (\alpha_{(K)} \wedge 0) \\ &= \alpha_{(1)} \end{aligned} \quad (4-21)$$

由此可得，上述两个方法的多知识聚合的结果均由掌握程度最低的知识点来确定。

案例分析 3 一学习任务涉及知识集合 $X = \{x_1, x_2, x_3, x_4\}$，设 $\alpha_1 = 0.9$，$\alpha_2 = 0.3$，$\alpha_3 = 0.4$，$\alpha_4 = 0.6$。

联结型方式下，FuzzyCDF 的聚合结果为

$$\eta = \min(\alpha_1, \alpha_2, \cdots, \alpha_K) = 0.3$$

SI-GAM 方法聚合计算结果为

$$\begin{aligned} \eta &= \bigvee_{k=1}^{K} [\alpha_{(k)} \wedge v(A_k)] = (\alpha_{(1)} \wedge 1) \vee (\alpha_{(2)} \wedge 0) \vee \cdots \vee (\alpha_{(K)} \wedge 0) \\ &= (0.3 \wedge 1) \vee (0.4 \wedge 0) \vee (0.6 \wedge 0) \vee (0.9 \wedge 0) \\ &= 0.3 \end{aligned}$$

2）针对主观题的补偿型聚合

FuzzyCDF 的补偿型聚合结果计算，根据式（4-6）可得

$$\eta = \max(\alpha_1, \alpha_2, \cdots, \alpha_K) = \alpha_{(K)} \qquad (4-22)$$

补偿型聚合方式下，学习者掌握至少一个知识点就可能作答成功，即任一知识点的支持力度均为 1，记为 $\forall x_k, v(\{x_k\}) = 1$。根据模糊测度的弱单调性，如果 $x_k \in A$，则 $v(A) = 1$。

$$
\begin{aligned}
\eta &= \bigvee_{k=1}^{K} [\alpha_{(k)} \wedge v(A_k)] \\
&= (\alpha_{(1)} \wedge 1) \vee (\alpha_{(2)} \wedge 1) \vee \cdots \vee (\alpha_{(K)} \wedge 1) \qquad (4-23) \\
&= \alpha_{(K)}
\end{aligned}
$$

显然，以上两式的推导结果是相同的，理想作答反应均由知识掌握程度最高的知识点来决定。

案例分析 4　一学习任务涉及知识集合 $X = \{x_1, x_2, x_3, x_4\}$，知识掌握程度见案例分析 3 所示。对于主观题的知识聚合，FuzzyCDF 模型的聚合结果为

$$\eta = \max(\alpha_1, \alpha_2, \cdots, \alpha_K) = 0.9$$

而 SI-GAM 方法聚合结果为 $\eta = \alpha_{(K)} = 0.9$。这与针对主观题的聚合建模方法结果一致。不难看出，FuzzyCDF 模型中针对主客观题的聚合建模方法也可看作是 SI-GAM 的特例。

综上所述，可以看出 SI-GAM 方法同样适用于传统的认知诊断模型的聚合方式。实际上，利用模糊测度的不同输出值可以构造出多种形式的聚合方法。本节基于模糊测度表达了知识权重，从而反映了各知识集合对正确作答的支持强度，并结合 max-min 操作生成更为通用的 SI-GAM 聚合方法。

4.4　认知诊断中的多策略问题

多策略问题是认知诊断中具有挑战性的问题。作答策略的多样性及差异性是当前大多数认知诊断研究所回避的问题，现有的认知诊断模型大多假定所有学习者均采用相同的解决策略。实际的学习任务中，往往会出现使用两种或多种解答方法来完成任务。比如，编程实现平均成绩计算时，可直接使用 average 函数计算，也可以使用循环结构来实现；数据库中进行多表查询时，可以使用嵌套查询也可使用连接查询的方式完成。不同的解题策略使用的知识点并不一定完全相同。对国内外相关研究现状调研结果表明，目前多策略认知诊断方面的研究工作较少。如多策略 DINA 模型、MSCD 方法（Multiple-Strategies Cognitive Diagnosis Method）、诊断树模型（A Diagnos Tictree Model），其核心思想基本一致，采用多个矩阵表达不同的解决策略，其主要思想表述如下：

假设学习任务有 M 个不同的解决策略，通过构造 M 个不同的矩阵 $Q_1, Q_2, \cdots, Q_M$ 来对多个策略进行编码。

以多策略 DINA 模型为例,具体过程如下:

$$\eta_{ijm} = \prod_{k=1}^{K} \alpha_{ik}^{q_{jkm}}, \; m = 1, 2, \cdots, M \tag{4-24}$$

其中,q_{jkm} 表示 $\boldsymbol{Q}_M$ 矩阵第 j 行第 k 列的元素。变量 η_{ijm} 是第 i 个学习者运用第 m 个策略解决第 j 个任务。多策略 DINA 模型将理想作答反应定义为

$$\eta_{ij} = \max\{\eta_{ij1}, \eta_{ij2}, \cdots, \eta_{ijM}\} \tag{4-25}$$

假定一学习任务存在 2 种不同的解决策略。对于策略 A,需要 n 个知识点,对应的知识集合为 $X_1 = \{x_{l(1)'}, x_{l(2)'}, \cdots, x_{l(n)'}\}$,其中 $l(k) \in \{1, 2, \cdots, K\}$,对应的 $\boldsymbol{Q}$ 矩阵为 $\boldsymbol{Q}_1 = \{q_{11}, q_{12}, \cdots, q_{1K}\}$。同样对于策略 B,涉及 m 个知识点,对应知识集合 $X_2 = \{x_{l(1)''}, x_{l(2)''}, \cdots, x_{l(m)''}\}$,其中 $l(k)'' \in \{1, 2, \cdots, K\}$。相应的 $\boldsymbol{Q}$ 矩阵为 $\boldsymbol{Q}_2 = \{q_{21}, q_{22}, \cdots, q_{2K}\}$。这里,$X_1 \subseteq X$,$X_2 \subseteq X$,同时 $X_1 \neq X_2$。对于 $\boldsymbol{Q}_1$ 和 $\boldsymbol{Q}_2$ 矩阵中的元素给出如下定义:

$$q_{ik} = \begin{cases} 1, & x_k \in X_i, \; i=1,2 \\ 0, & \text{其他} \end{cases} \tag{4-26}$$

为了方便描述,下文的讨论针对单个学习者在某一具体学习任务上的作答反应,因此将 η_{ij} 简化表达为 η。基于上述假设,多策略 DINA 模型的理想作答情况可以表示如下:

$$\begin{aligned} \eta &= \max\{\eta_1, \eta_2\} \\ &= \max\{\prod_{k=l(1)'}^{l(n)'} \alpha_k, \prod_{k=l(1)''}^{l(m)''} \alpha_k\} \\ &= \max(\alpha_{(1)'}, \alpha_{(1)''}) \end{aligned} \tag{4-27}$$

由于 DINA 模型对应的知识掌握程度 α_k 取值为 0 或 1,连乘算子的结果最终由 α_k 中知识掌握程度最低的值决定。

接下来使用 SI-GAM 方法来处理多策略问题。学习任务有 A 和 B 两种解决策略,可得 $v(X_1)=1$ 并且 $v(X_2)=1$。同时,由于 DINA 模型的聚合方式为联结型,可得 $\forall A \subseteq X$,当满足 $X_1 \subseteq A$ 或者 $X_2 \subseteq A$ 时,$v(A)=1$。对于其他子集 $\forall B \subseteq X$,$v(B)=0$。令 $L_k = \{x_k, x_{k+1}, \cdots, x_K\}$,证明可得以下结论:

$$\begin{aligned} v(L_k)=1, & \text{ 若 } X_1 \subseteq L_k \text{ 或 } X_2 \subseteq L_k \\ v(L_{k+1})=0, & \text{ 若 } X_1 \subseteq L_{k+1} \text{ 和 } X_2 \subseteq L_{k+1} \end{aligned} \tag{4-28}$$

根据式(4-6),理想作答反应记为如下形式:

$$\eta = (\alpha_{(1)} \wedge v(L_1)) \vee (\alpha_{(2)} \wedge v(L_2)) \vee \cdots \vee (\alpha_{(K)} \wedge v(L_K)) = \alpha_{(k)} \tag{4-29}$$

其中,$v(L_k)=1$,$v(L_{k+1})=0$,同时 $\alpha_{(1)} \leqslant \alpha_{(2)} \leqslant \cdots \leqslant \alpha_{(K)}$。为了计算理想作答反应,要确定 $\alpha_{(k)}$ 讨论满足上述约束条件的不同情况。

下面分三种情况进行讨论,具体推导过程如下:

（1）Case1 $\alpha_{(1)'}<\alpha_{(1)''}$。

① 当 $\alpha_k=\alpha_{(1)'}$ 时，则 $X_1\subseteq L_k$ 且 $X_1\nsubseteq L_{k+1}$，故 $v(L_k)=1$。由于 $\alpha_{(1)'}<\alpha_{(1)''}$，$X_2\subseteq L_k$ 且 $X_2\subseteq L_{k+1}$，不难看出，这一结果与式（4-29）相违背，因此该情况无法满足约束条件，不成立。

② 当 $\alpha_k=\alpha_{(1)''}$ 时，$X_2\subseteq L_k$ 且 $X_2\nsubseteq L_{k+1}$。由于 $\alpha_{(1)'}<\alpha_{(1)''}$，因而可推断 $X_1\subseteq L_k$ 且 $X_1\nsubseteq L_{k+1}$。这样满足式（4-29）的约束条件，可得 $v(L_k)=1$ 且 $v(L_{k+1})=0$。

经推导可得 $\alpha_{(1)'}<\alpha_{(1)''}$ 时，理想作答反应为 $\eta=\alpha_{(k)}=\alpha_{(1)''}$。

（2）Case2：$\alpha_{(1)'}=\alpha_{(1)''}$。

显然 $\alpha_k=\alpha_{(1)'}=\alpha_{(1)''}$，$X_1\subseteq L_k$，$X_2\subseteq L_k$，$X_1\nsubseteq L_{k+1}$ 且 $X_2\nsubseteq L_{k+1}$。这一推论满足式（4-29）的约束条件，可知 $v(L_k)=1$ 且 $v(L_{k+1})=0$。

因此，当 $\alpha_{(1)'}=\alpha_{(1)''}$ 时，理想作答反应为 $\eta=\alpha_{(k)}=\alpha_{(1)'}=\alpha_{(1)''}$。

（3）Case3：$\alpha_{(1)'}>\alpha_{(1)''}$。

① 当 $\alpha_k=\alpha_{(1)'}$ 时，$X_1\subseteq L_k$ 且 $X_1\nsubseteq L_{k+1}$。因为 $\alpha_{(1)'}>\alpha_{(1)''}$，所以可推出 $X_2\subseteq L_k$ 且 $X_2\nsubseteq L_{k+1}$。根据式（4-29），$v(L_k)=1$。这种情况下，理想作答反应为 $\eta=\alpha_{(k)}=\alpha_{(1)'}$。

② 当 $\alpha_k=\alpha_{(1)''}$ 时，$X_2\subseteq L_k$ 且 $X_2\nsubseteq L_{k+1}$。因为 $\alpha_{(1)'}>\alpha_{(1)''}$，所以可推出 $X_1\subseteq L_k$ 且 $X_1\subseteq L_{k+1}$。这样无法满足式（4-29）的约束条件使得 $v(L_k)=0$，$v(L_{k+1})=1$，该假设不成立。

因此，当 $\alpha_{(1)'}>\alpha_{(1)''}$ 时，理想作答反应为 $\eta=\alpha_{(k)}=\alpha_{(1)'}$。

经推导，两种方法得到的结论一致。具体结论：若 $\alpha_{(1)'}<\alpha_{(1)''}$，则理想作答反应为 $\eta=\alpha_{(k)}=\alpha_{(1)''}$；若 $\alpha_{(1)'}=\alpha_{(1)''}$，则理想作答反应为 $\eta=\alpha_{(k)}=\alpha_{(1)'}=\alpha_{(1)''}$；若 $\alpha_{(1)'}>\alpha_{(1)''}$，则理想作答反应为 $\eta=\alpha_{(k)}=\alpha_{(1)'}$。

案例分析5　有两种替代策略支持分数减法运算这一学习任务的完成：

$$4\frac{4}{12}-2\frac{7}{12}=?$$

策略 A：知识点		策略 B：知识点	
$\begin{aligned}&4\frac{4}{12}-2\frac{7}{12}\\&=2\frac{4}{12}-\frac{7}{12}\\&=1\frac{16}{12}-\frac{7}{12}\\&=1\frac{9}{12}\\&=1\frac{3}{4}\end{aligned}$	x_3：从分数中分离整数	$\begin{aligned}&4\frac{4}{12}-2\frac{7}{12}\\&=\frac{52}{12}-\frac{31}{12}\\&=\frac{21}{12}\\&=1\frac{9}{12}\\&=1\frac{3}{4}\end{aligned}$	x_5：将混合数转换成分数
	x_4：从整数中取一		x_1：执行基本分数减法运算
	x_1：执行基本分数减法运算		x_2：约分
	x_2：约分		

图 4-4　学习任务达成的 2 种策略

设知识集合 $X=\{x_1,x_2,x_3,x_4,x_5\}$。策略 A 涉及知识点 $X_1=\{x_1,x_2,x_3,x_4\}$，策略 B 需要知识点 $X_2=\{x_1,x_2,x_5\}$，如图 4-4 所示。使用多策略 DINA 模型，根据式（4-29）可得

$$\eta=\max\{\eta_1,\eta_2\}=\max\{\alpha_{(1)'},\alpha_{(1)''}\}$$

　　假设各知识点的掌握程度分别为 $\alpha_1=1$，$\alpha_2=1$，$\alpha_3=0$，$\alpha_4=1$，$\alpha_5=1$，这样对于策略 $A\alpha(1)'=0$；对于策略 $B\alpha(1)''=1$，则计算理想作答反应 $\eta=1$。

　　使用 SI-GAM 方法处理多策略问题。根据图 4-4 可确定模糊测度，模糊测度满足以下约束：

　　$\forall A\subseteq X$，满足 $\{x_1，x_2，x_3，x_4\}\subseteq A$ 或 $\{x_1，x_2，x_6\}\subseteq A$，可证 $v(A)=1$。此外，若 $\{x_1，x_2，x_3，x_4\}\nsubseteq B$ 且 $\{x_1，x_2，x_6\}\nsubseteq B$，则 $\forall B\subset X$，$v(B)=0$。

　　已知 $\alpha_{(1)'}<\alpha_{(1)''}$，根据式（4-29），引用 Case1 的结论。SI-GAM 方法被用于计算理想作答反应 $\eta=\alpha_{(1)''}$。显然，该结果证明了 SI-GAM 方法在解决多策略问题方面的有效性。通过具体的实例可以看出，SI-GAM 方法可以替代多策略 DINA 模型来处理多策略问题。由此看出，SI-GAM 方法同样适用于认知诊断中的多策略问题。此外，根据 4.3.3 节讨论的 SI-GAM 方法不仅可以处理二级评分的模型表达，还可以面向多级评分模型实现知识聚合。因此在多策略问题中，将知识掌握程度 α_k 取值范围从 $\{0，1\}$ 扩展到 $[0，1]$ 区间来处理多策略的多分级评分，进一步拓展现有的多策略认知模型的适用范围。

4.5　知识聚合实验

　　知识聚合方法作为认知诊断中的一部分，需要在特定的认知诊断模型中实现来验证聚合方法的有效性，而在 FuzzyCDF 框架中，从知识掌握程度产生问题掌握程度的过程对应的正是本章所讨论的知识聚合过程。为了更清晰地观察聚合方法所带来的变化，本节的实验设置将 SI-GAM 方法置于 FuzzyCDF 框架中替换原来的聚合方法，构建一个改进的 FuzzyCDF 模型（如图 4-5 所示），称为 FuzzyCDF-SI 模型（FuzzyCDF Based on Sugeno Integral）。

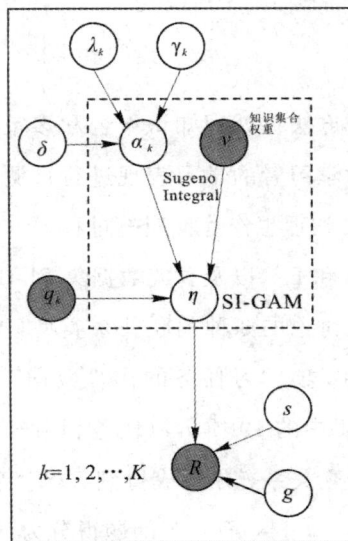

图 4-5　FuzzyCDF-SI 模型

实验中,已知 Q 矩阵显示各项学习任务包含的知识点,同时基于学习者的作答数据观测到学习者在具体任务上的得分,获得得分矩阵 R。在 FuzzyCDF - SI 模型中,学习者在各个知识点上的掌握程度 α_k 取决于该学习者的潜在特质 δ 和知识本身的属性参数 λ_k 和 γ_k(对应知识的难度和区分度),其中 $k=1, 2, \cdots, K$。

$$\alpha_k = \frac{1}{1 + \exp[-1.7\lambda_k(\delta - \gamma_k)]} \qquad (4-30)$$

由图 4 - 5 可知,理想作答反应 η 由知识掌握程度和该任务的知识权重(模糊测度 v)确定,通过 Sugeno 积分的聚合函数(式(4 - 15))计算得出。最终的得分 R 由理想作答反应 η 和失误参数 s、猜测参数 g 共同决定:

$$P(R=1 | \eta, s, g) = (1-s)\eta + g(1-\eta) \qquad (4-31)$$

现有 FuzzyCDF 模型中使用模糊交和模糊并的方法分别计算客观题和主观题,而改进后的 FuzzyCDF - SI 模型中则引入了通用性更强的 SI - GAM 方法替代原有的聚合方式,同时 SI - GAM 方法不再区分主客观题,可采用统一的表达形式来实现知识的聚合。

本章的工作着重研究面向认知诊断的知识聚合方法,为了验证本章所提出的知识聚合方法的有效性和解释性,我们通过实验来回答以下研究问题:

研究问题 1:与现有的认知诊断模型相比,基于 SI - GAM 方法的 FuzzyCDF - SI 模型在处理知识聚合和多策略问题方面的有效性如何?

研究问题 2:SI - GAM 方法中模糊测度参数的敏度性如何?在一定范围内调整模糊测度值是否对理想作答反应产生较大影响?

研究问题 3:SI - GAM 方法对多策略问题的诊断结果能否合理解释?

4.5.1   知识聚合实验设置

为验证所提出的 SI - GAM 方法在处理知识聚合和多策略问题方面的有效性,分别在合成数据集和真实数据集上,对学习者的学习表现进行预测实验。具体的工作包括用不同的聚合方法将知识掌握程度映射到理想作答反应的过程。

本节设置了合成数据集(D1 和 D2)以及真实数据集 Math1,表 4 - 6 描述了 3 个数据集的详细信息。首先依据第 3 章中讨论的 3 种关联关系类型,构造了针对特定知识的模糊测度。数据集 D1 和 D2 分别包含 10 项学习任务的作答数据,其中任务 1～6 设定为客观问题,其余为主观问题。数据集 D1 中的 10 项学习任务涵盖知识间的不同关联关系类型,即负协同与冗余、增强协同以及独立关系,并生成得到 5980 名学习者在 10 项学习任务上的作答得分。其中客观问题得分为 {0,1},而主观问题得分为 [0,1]。

表 4 - 6　实验数据集描述

数据集	学习者数	知识点	学习任务	
			客观问题	主观问题
D1	5980	4	6	4
D2	6209	4	6	4
Math1	3910	11	15	5

另外，考虑特定学习任务采用多种解决策略的可能性，数据集 D2 中也设置了 10 项学习任务，同时限定 D2 数据集中每项任务采用两种策略。同样，生成了 6209 名学习者在 10 项任务上的作答分数。以任务 6 为例（见表 4 - 7），若某一学习者掌握了知识点 x_1、x_2 和 x_4 或只掌握 x_3 这个知识点都能达成该学习任务。第一种策略 $v(\{x_1, x_2, x_4\}) = 1$，另一种策略则表示为 $v(\{x_3\}) = 1$。根据模糊测度的弱单调性，$\forall A \subseteq X$，若 $x_3 \in A$，则 $v(A) = 1$，也就是所有包含知识点 x_3 的知识集合的权重均为 1，即 $v(\{x_1, x_3\}) = 1$，$v(\{x_2, x_3\}) = 1$，$v(\{x_1, x_2, x_3\}) = 1$，$v(\{x_1, x_3, x_4\}) = 1$，$v(\{x_1, x_2, x_3, x_4\}) = 1$。

同时，选择真实世界的数据集 Math1 进行实验，该数据集是从两次期末数学考试中收集到的，共有 3910 名学生，涉及 20 项学习任务，包括 15 个客观问题和 5 个主观问题。由于 Math1 数据集共涉及 11 个知识点，且每道题都涉及两个以上的知识点，因此适合于考虑知识关联关系的应用场景。

表 4 - 7　多策略数据集 D2 的知识权重示例

知识集合	权重取值	知识集合	权重取值
$v(\varnothing)$	0	$v(\{x_4\})$	0.3
$v(\{x_1\})$	0.2	$v(\{x_1, x_4\})$	0.5
$v(\{x_2\})$	0.2	$v(\{x_2, x_4\})$	0.5
$v(\{x_1, x_2\})$	0.5	$v(\{x_1, x_2, x_4\})$	1
$v(\{x_3\})$	1	$v(\{x_3, x_4\})$	1
$v(\{x_1, x_3\})$	1	$v(\{x_1, x_3, x_4\})$	1
$v(\{x_2, x_3\})$	1	$v(\{x_2, x_3, x_4\})$	1
$v(\{x_1, x_2, x_3\})$	1	$v(\{x_1, x_2, x_3, x_4\})$	1

本实验引入了一种基于 MCMC 方法的有效训练算法来估计模型参数。模型中参数初始值服从不同的分布随机生成。根据 HO - DINA 模型中的参数设置，假设参数的先验分布

定义如下：

$$\delta \sim N(\mu_\delta, \sigma_\delta^2), \lambda \sim \ln N(\mu_\lambda, \sigma_\lambda^2), \rho \sim N(\mu_\rho, \sigma_\rho^2)$$

$$s \sim \text{Beta}(v_s, \omega_s, \min_s, \max_s)$$

$$g \sim \text{Beta}(v_g, \omega_g, \min_g, \max_g)$$

$$\frac{1}{\sigma^2} \sim \Gamma(x_\sigma, y_\sigma)$$

其中，$\text{Beta}(v_g, \omega_g, \min_g, \max_g)$ 表示包含 4 个参数的 Beta 分布。在 FuzzyCDF‑SI 模型的训练算法中，给定分数矩阵 $\boldsymbol{R}$ 的情况下，参数 $\delta, \lambda, \rho, s, g$ 和 σ^2 的联合后验分布为

$$P(\delta, \lambda, \rho, s, g, \sigma^2 | \boldsymbol{R})$$
$$\propto L(s, g, \sigma^2, \delta, \lambda, \rho) P(\delta) P(\lambda) P(\rho) P(s) P(g) P(\sigma^2) \tag{4-32}$$

其中，L 表示 FuzzyCDF‑SI 模型联合似然函数：

$$L(s, g, \sigma^2, \delta, \lambda, \rho) = L_o(s, g, \delta, \lambda, \rho) L_s(s, g, \sigma^2, \delta, \lambda, \rho) \tag{4-33}$$

式中，L_o 和 L_s 分别对应客观题与主观题上的联合似然函数。

FuzzyCDF‑SI 模型中，首先依据先验分布随机化参数 $(\delta, \lambda, \rho, s, g$ 和 $\sigma^2)$ 作为初始值。模型中的模糊测度 v 作为先验知识被使用或借由现有方法从数据中学习。FuzzyCDF‑SI 模型将学习者对每个知识点的掌握程度作为输入，输出为学习者的作答分数。从数据集上可以获得输入、输出标签数据，形成一个训练集，用于训练 FuzzyCDF‑SI 模型中的参数。在每次迭代时，参数都从预定义的间隔中均匀随机采样。然后根据可观测 $\boldsymbol{R}$ 和已知的 $\boldsymbol{Q}$ 矩阵，计算各参数的全条件概率分布。接下来，根据 Metropoli‑Hastings 采样计算样本的接受概率，估计 T 次迭代后的参数。

4.5.2　知识聚合实验结果分析

1. 学习者的学习表现预测

为了展示所提出的 SI‑GAM 方法的有效性，在 FuzzyCDF‑SI 模型框架下设计实验，预测学习者在不同学习任务（客观题或主观题）的学习表现（作答分数）。进一步观察 SI‑GAM 方法在不同数据稀疏性水平上的表现，按照 20％、50％、80％三种不同比例构造了训练集，剩余的数据用于测试模型效果。实验使用均方根误差（RMSE）和平均绝对误差（MAE）作为评价指标。

为了保证比较的公平性，实验通过调整其参数来记录每个方法的最佳性能。图 4‑6 显示了本章所提出的 SI‑GAM 方法和其他基准方法在 D1 和 D2 数据集上处理知识关联关系和多策略问题时的性能。实验结果证明了 SI‑GAM 方法的有效性。由于与 FuzzyCDF 模型相比，Fuzzy‑SI 模型只将聚合方法替换为 SI‑GAM 方法，保留了其他参数的训练方式和设置。从这个角度，进一步证明了 SI‑GAM 方法的优势。SI‑GAM 方法在两个数据集中的表现都要优于其他基准方法。更重要的是，随着训练数据稀疏性的增加（训练数据比率从

80%下降到 20%），所提出的 SI - GAM 方法与其他基准方法相比仍然有优势。在数据集 D1 和 D2 中，SI - GAM 的性能在评估指标（RMSE 和 MAE）上均超过了基准方法。此外，需要注意的是，SI - GAM 考虑了知识关联关系的存在，可以更准确地诊断出学习者的认知状态。

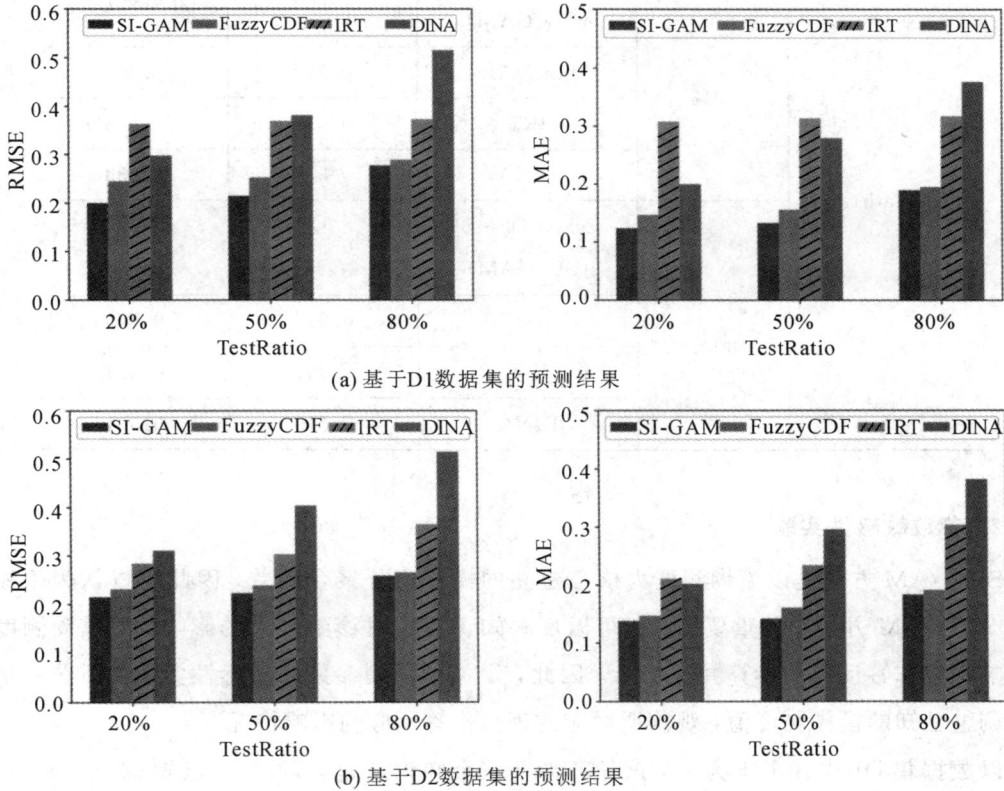

(a) 基于 D1 数据集的预测结果

(b) 基于 D2 数据集的预测结果

图 4 - 6　SI - GAM 方法及基准模型的性能

　　为了进一步增强 SI - GAM 方法的评估，进一步在真实数据集 Math1 上开展了实验。由于 Math1 数据集中未提供关于知识权重的标签，这里借助于神经网络来单独学习模糊测度。实验采用 AUC（曲线下面积）和 MAE 指标来比较认知诊断模型的预测性能。首先，随机抽取 80%的数据进行训练，20%的数据进行测试。为了进一步观察不同稀疏性下的效果，我们随机选取 20%的数据进行训练，其余的作为测试数据。从表 4 - 8 中可以看出，与 FuzzyCDF 模型相比，基于 SI - GAM 方法的 FuzzyCDF - SI 模型 MAE 误差更小，与 IRT 和 DINA 模型相比更具有明显的优势。另一方面，实验计算了 Math1 数据集中的客观问题的 AUC 指标。从表 4 - 8 中可以看出，SI - GAM 方法的准确性均高于其他基准方法。此外，随着训练数据稀疏性的增加，SI - GAM 方法的优势仍然存在。

　　结果分析 1：基于 SI - GAM 方法的 FuzzyCDF - SI 模型在处理知识聚合和多策略问题方面预测学习者的成绩方面都具有更好的表现，证明了 SI - GAM 方法对于面向认知诊断的知识聚合的有效性。

表 4 - 8　基于 Math1 数据集的模型性能

数据集	测试比例	模型	MAE	AUC
Math1	20%	FuzzyCDF - SI (SI - GAM)	0.285	0.687
		FuzzyCDF	0.322	0.678
		IRT	0.330	0.648
		DINA	0.375	0.633
	80%	FuzzyCDF - SI (SI - GAM)	0.311	0.658
		FuzzyCDF	0.337	0.649
		IRT	0.361	0.623
		DINA	0.416	0.501

2. 参数敏感性实验

SI - GAM 方法是以模糊测度为核心建立的模糊积分聚合函数，因此可以认为模糊测度是 SI - GAM 方法中的重要参数，可以反映知识权重对诊断结果的影响。但模糊测度如何影响理想作答反应的计算并不清晰。因此，增加了模型参数的敏感性实验，即在一定范围内调整已知的模糊测度值，观察所对应的理想作答反应的影响情况。

以数据集 D1 中任务 1 为例，该任务涉及三个知识点 x_1，x_2，x_3，已知 $v(\{x_1\})=0.4$，$v(\{x_2\})=0.3$，$v(\{x_3\})=0.1$。选择权重相对较高的知识点 x_1，x_2 开展实验。首先将 $v(\{x_1\})$ 的值设置为在 $[0.38,0.42]$ 的范围内波动，知识点 x_1 的超集对应的模糊测度在符合单调性的情况下随机生成。计算模糊测度调整后的计算结果与 $v(\{x_1\})=0.4$ 时的实际计算理想作答反应的结果之间的平均绝对误差。从图 4 - 7 中可以看出，当 $v(\{x_1\})$ 在 $[0.38,0.42]$ 范围内变化时，平均绝对误差小于 2%。同时，设置 $v(\{x_2\})$ 的取值在 $[0.28,0.32]$ 范围内变化，符合单调性的约束条件下随机生成性知识点 x_2 所有超集的模糊测度，可得平均绝对误差小于 2.1%。

同样，数据集 D2 中，随机选择一个涉及 4 个知识点的学习任务，其中 $v(\{x_2\})=0.7$，$v(\{x_3\})=0.6$。实验中，知识点 x_2 和 x_3 的模糊度量分别设置了上下 5% 的波动值。从图 4 - 8 中可以看出，平均绝对误差仍小于 2%。

结果分析 2：随着模糊测度精度的下降（与真实模糊测度值误差 6% 以内），会产生一定的误差，但误差始终保持在一个较低的值，SI - GAM 方法的稳定性总体较好。

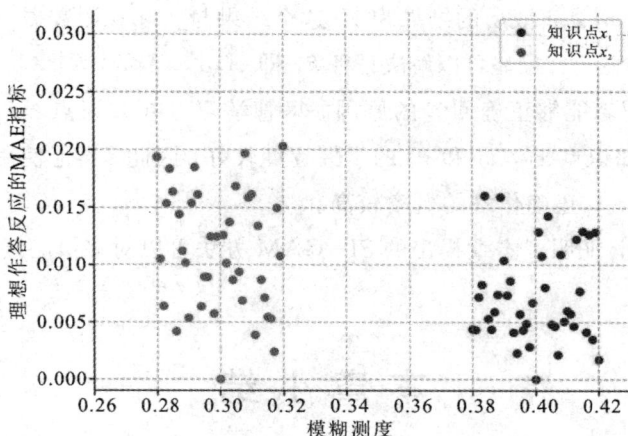

图 4 - 7 基于数据集 D1 的参数敏感度分析

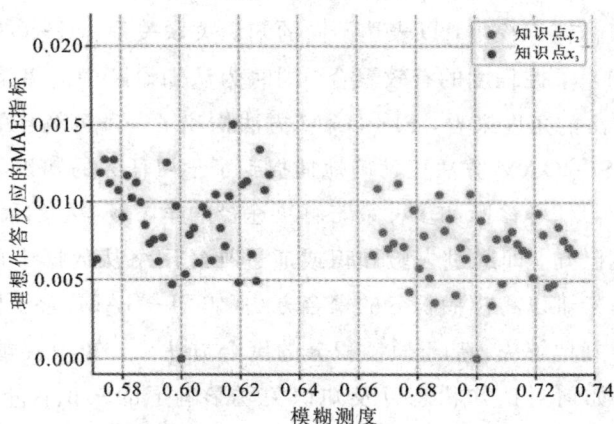

图 4 - 8 基于数据集 D2 的参数敏感度分析

3. 案例研究

针对多策略问题，列举使用 SI - GAM 方法对某学习者学习表现进行预测的例子。图 4 - 9 展示了学习者各个知识点的掌握程度以及实际的作答记录。

	x_1	x_2	x_3	x_4	Student Response
Q-matrix (used by FuzyyCDF)	0	0	1	1	√
Proficiency	0.48	0.69	0.41	0.65	

图 4 - 9 学习者在学习任务 6 上的知识掌握程度及作答记录

根据 Q 矩阵，FuzzyCDF 模型使用的解决策略涉及知识点 x_3 和 x_4。其中任务 6 属于客观题范畴，计算理想作答反应 $\eta = \min(\alpha_3, \alpha_4) = 0.41$，考虑失误和猜测因素后，预测正确概率为 0.42。然后，通过预定义的阈值（通常设置为 0.5）对目标任务的预测结果进行离散化。因此，得分预测值为 0。使用 SI - GAM 方法计算理想作答反应 $\eta = 0.65$。结合猜测和失误参数，预测概率为 0.66，离散后的结果为 1。这个结果与实际观测数据一致，可以更好地解释诊断结果。因为存在两种策略可以解决任务 6，即 $v(\{x_1, x_2, x_4\}) = 1$ 且 $v(\{x_3, x_4\}) = 1$。这样就可以解释学习者能够正确回答的原因。尽管学习者在知识点 x_3 上的掌握程度较低（$\alpha_3 < 0.5$），但对于知识点 x_1，x_2 和 x_4 的掌握程度较好，因此，当他使用第二种策略时，涉及知识点 x_1、x_2 和 x_4，正确作答的概率较高。

结果分析 3：实验证明了本章提出的 SI-GAM 方法可以对多策略问题的诊断结果进行合理的解释。

本 章 小 结

本章面向认知诊断提出了一种基于 Sugeno 积分的通用知识聚合方法（SI-GAM）。该方法引入模糊测度表征知识权重，以表达不同的知识关联关系。SI-GAM 方法通过模糊积分实现知识权重与知识掌握程度的有效聚合，同时为认知诊断中的多策略问题提供全新的解决思路。从聚合方法的角度来看，SI-GAM 方法构建了一种可解释的方法表达知识的聚合过程。综上所述，SI-GAM 方法更精确地捕捉到了学习任务的知识关联关系，它更适合于存在知识关联的学习任务诊断和多种策略解决途径的学习场景。然而，SI-GAM 方法实现的前提是模糊测度已知，即通过先验知识或通过神经网络从数据中单独学习。目前，基于现有的认知诊断框架难以将模糊积分的聚合方法（如 SI-GAM）置于模型中训练学习，参数的学习问题还没很好地解决。基于模糊积分的聚合方法中，知识权重与认知状态共同对诊断结果产生影响，如何对认知状态以及知识关联影响下的知识权重等参数进行统一学习，仍是具有挑战的问题。下一步着力解决将认知状态和知识权重统一表征的认知诊断模型实现问题。

第 5 章　融合知识关联的认知诊断深度模型

面向学习任务的教育场景下，任务依赖的知识关联与认知状态共同对诊断结果产生影响。现有的认知诊断模型未考虑任务相关的知识关联，知识关联信息很难直接嵌入到已有的认知诊断模型中。因此，本章将构建融合了知识关联的认知诊断深度模型，实现认知诊断模型自身参数以及知识权重等参数的统一学习。本章，将首先定义融合知识关联关系的认知诊断统一表达框架，根据知识关联建模方法，提出基于多个学习任务的知识权重学习算法以表征知识关联关系。然后，利用模糊积分深度神经网络进行知识聚合，从而实现融合知识关联的认知诊断深度模型构建。最后，利用公开数据集和真实数据集，开展了学习者的学习表现预测实验对模型效果进行验证，并结合实际学习任务进行了案例分析。

5.1　认知诊断深度模型相关研究

传统认知诊断模型多从心理与教育领域发展而来，而其中项目反应理论（IRT）模型是最为基础、典型，且应用广泛的一种解决方案。IRT 模型构建了一条从学习者宏观能力到作答结果的路径，通过拟合相应的作答数据来衡量学习者的能力。MIRT 模型将 IRT 的参数更新为多维参数，进一步增加了模型的拟合能力。然而，传统心理学认知诊断模型依赖于人工诊断，捕捉信息的能力较弱，无法充分表达学习者的学习数据信息。随着在线学习系统的普及、学习数据的不断积累，利用机器学习方法实现认知诊断模型的设计成为了一个重要的发展方向。借鉴传统认知诊断方法，基于机器学习方法对其进行优化，如 Wu 等人基于 IRT 模型提出适于主客观建模的模糊认知诊断框架，从概率图模型的角度对学习者和试题进行建模。王超等人提出使用机器学习的方法来优化传统的 DINA 模型，提出了增量算法、最大熵方法以及二者结合的方法来为 DINA 模型的训练加速。Chen 基于传统项目反应理论，结合深度学习模型提出了一种增强的认知诊断模型，深度学习开始被用于认知诊断方法研究中。但由于神经网络的"黑盒"特性，在参数解释方面的表现较弱，而认知诊断通过学习行为诊断学习者的潜在认知状态，认知状态作为模型的重要参数之一具有实际的教育意义，因此将神经网络用于认知诊断并不是直接和天然的。Piechetal 在 2015 年首次尝试将循环神经网络用于学习过程的建模，提出了深度知识追踪模型（Deep Knowledge Tracing，DKT）。然而，DKT 的目标是预测学习者的分数，并不能识别出特定的学习任务和它所包含的知识概念，因此它不适合认知诊断的应用。总体来说，现有的基于神经网络的认知诊断模型研究处于起步阶段，如下是几种代表性的深度认知诊断模型：

1. 基于深度项目反应理论的认知诊断模型

DIRT(Deep IRT)模型结合知识掌握程度向量、试题文本以及试题考查的知识点对模型的参数进行学习,如学习者能力参数、题目区分度和题目难度参数,在一定程度上增强了认知诊断的可解释性。

2. 神经认知诊断模型

NCD(Neural Cognitive Diagnosis)模型借鉴了教育心理学的概念,基于神经网络学习被试学习者与试题的交互函数,以克服传统模型的建模程度浅、应用范围受限的问题。该模型认为认知诊断过程涉及三个方面:学习者因素、试题因素以及交互函数。为确保诊断结果的可解释性,在模型中采用了项目反应理论中广泛使用的单调性假设,保证诊断结果在知识点粒度上的可解释性。

3. 关系图驱动的认知诊断模型

RCD(Relation map driven Cognitive Diagnosis)模型通过获取作答记录,嵌入层输出概念、练习和学习者的向量化嵌入表示。通过融合层的多层注意结构来自动捕捉多层关系图之间的交互信息,从而有效地嵌入学习。诊断层融合交互信息后,利用关系感知嵌入,通过预测学习者练习的反应得分来推断学习者的认知水平。

综上,用神经网络建模认知诊断已成为一个重要方向。其中,DIRT 模型虽具一定的可解释性,但是模型仍然无法提供充足的证据来刻画学习者的认知状态。而 NCD 模型则因其较好的泛化性和可扩展性受到众多研究者的关注,但模型未涉及对于知识的关联关系建模。RCD 模型中所研究的知识关系更符合学科知识体系中的知识关联关系,包括知识的相关性、先决性等。上述模型均未针对面向学习任务的知识关联关系特征展开研究,而对知识关联的忽略将不利于对认知过程的理解,也会对诊断结果产生影响。因此在前一章聚合方式研究的基础上,本章重点研究面向学习任务的知识关联融入认知过程的统一模型构建,以及模型参数统一学习的问题。

5.2　融合知识关联的认知诊断深度模型

5.2.1　问题描述

本节所构建的融合知识关联的认知诊断框架将沿用认知诊断的一般流程,建模学习者与学习任务交互的作答过程并输出作答结果预测值(如答对的概率)。本节选择模糊积分中应用最为广泛的一类积分——Choquet 积分作为模糊积分的典型代表,基于 Choquet 积分来融合知识关联信息实现认知诊断模型的构建(Choquet Integral Deep Neural Network based Cognitive Diagnosis Model,CHI-CDM)。在 CHI-CDM 模型中,知识的关联性通过知识权重来体现。知识聚合时,不仅考虑单个知识点的权重,同时从知识关联的角度来确定知识集合的权重。因此，CHI－CDM 模型适配于认知状态和知识权重统一表征的认知诊断任务，其形式化定义如下：

学习者集合 $S=\{s_i|i=1,2,\cdots,I\}$ 表示 I 个学习者，$T=\{t_j|j=1,2,\cdots,J\}$ 表示 J 项学习任务。知识点集合 $X=\{x_k|k=1,2,\cdots,K\}$ 表示 K 个知识点。同时，由领域专家给定的 $Q=[q_1,q_2,\cdots,q_J]$ 矩阵建立学习任务与其考查知识点的关系。知识集合的权重则由 $V=[v_1,v_2\cdots,v_J]$ 表示，其中对应 J 项学习任务所需知识权重集合。得分矩阵 $R=(r_{ij})_{I\times J}$ 中的 r_{ij} 表示第 i 个学习者在第 j 项学习任务上的得分。假设学习者完成学习任务 t_j，形成的作答记录可以表示为一个四元组 $\{s_i,t_j,q_j,r_{ij}\}$，其中 $s_i\in S,t_j\in T,r_{ij}\in R,q_j$ 表示 Q 矩阵中第 j 个列向量。

具体包含如下三个流程（如图 5－1 所示）：

① 模型输入：输入学习者作答记录的四元组历史学习数据，对于学习者 s_1，输入数据表示为 $\log=\{(s_1,t_1,q_1,r_{11}),(s_1,t_2,q_2,r_{12}),\cdots,(s_1,t_J,q_J,r_{1J})\}$。

② 模型构建：基于 Choquet 积分提出融合知识关联的认知诊断（CHI－CDM）深度模型。

③ 模型应用：将 CHI－CDM 模型应用于三个任务：学习者表现预测、认知状态诊断以及知识关联表征。

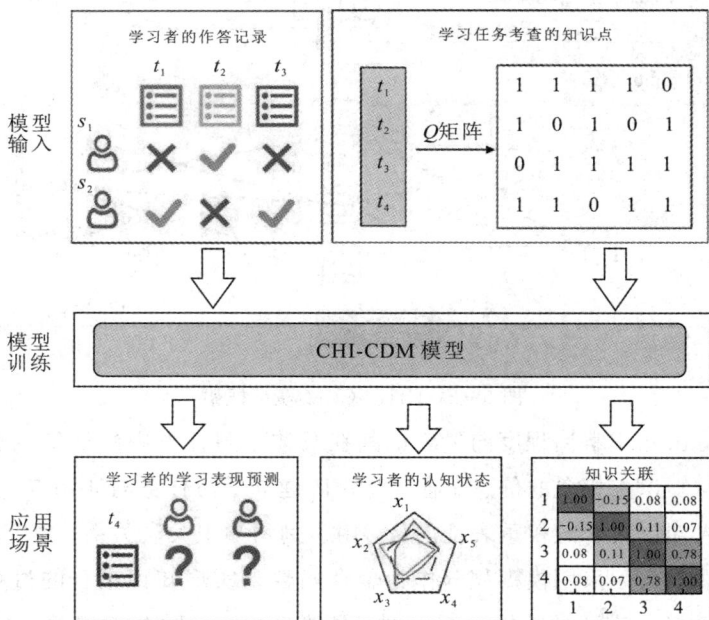

图 5－1　CHI－CDM 模型流程描述

5.2.2　融合知识关联的认知诊断模型框架

认知诊断过程涉及三个方面：学习者因素、学习任务因素以及知识的聚合方式。其中，学习者因素应至少包含学习者知识掌握程度向量，学习任务因素应包含任务所考查的知识点以及知识集合的权重向量，而知识的聚合方式则选择合适的模糊积分作为聚合函数。CHI-CDM 模型框架（如图 5-2 所示）遵循认知诊断的建模流程，首先分别从学习者和学习任务两方面进行建模，最后建立知识聚合方式得到理想作答反应，通过多层神经网络输出作答的预测结果。

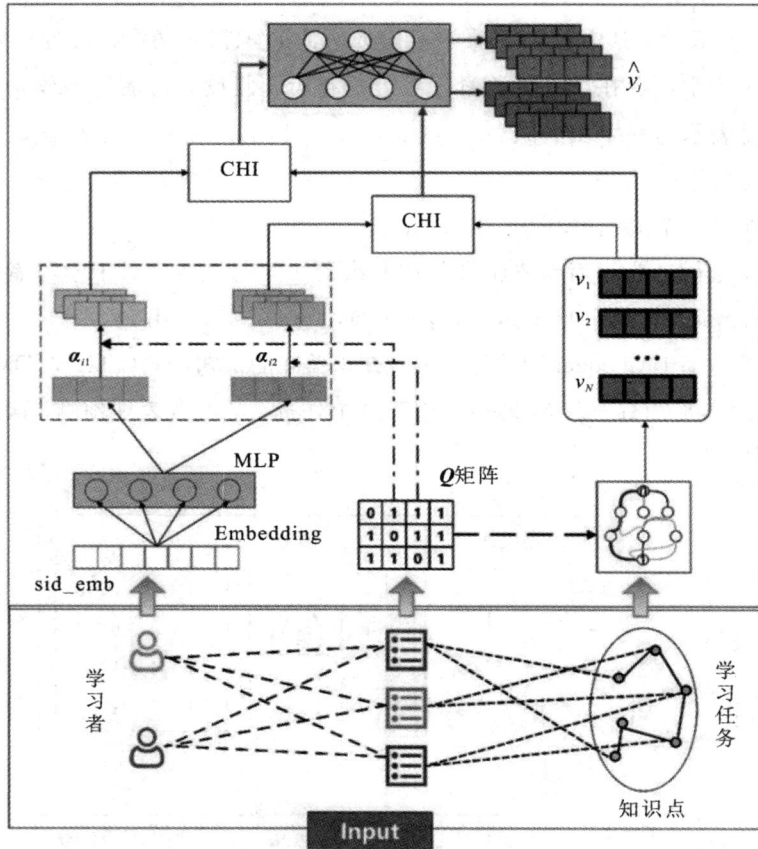

图 5-2　CHI-CDM 模型框架

　　学习者方面，由知识掌握程度向量表征其在具体学习任务中的认知状态；而在学习任务方面，则提取与知识点相关的信息。通过 Q 矩阵建立学习任务与知识点之间的对应关系。在此基础上，嵌入知识集合的权重表征向量，用于刻画知识关联关系。最后，考虑知识权重与知识掌握程度的交互，采用模糊积分作为聚合函数来实现知识聚合的过程，最终实现认知状态与知识权重统一表达的认知诊断模型。具体来看，在融合知识关联的认知诊断模型中，学习者的知识掌握程度表征向量通过多层神经网络建模，学习任务的知识权重表征向量则由模糊测度神经网络建模。最后将上述两个网络的输出结果，作为模糊积分神经网络的输入来实现知识的聚合过程。不同的学习任务由于不同的知识关联关系产生各自的知识权重向量，因此，根据学习任务的数量生成等量的模糊积分神经网络。本节将对融合知识关联的认知诊断模型框架进行具体说明。

1. 学习者向量表征

认知诊断的核心目标在于挖掘学习者潜在的认知状态。在经典认知诊断 IRT 模型中，用学习者的潜在能力 θ 表征认知状态，但潜在能力是笼统抽象的概念，无法直接用于学习者的学习评估及干预。沿用 DINA 模型的工作思路，将学习者的潜在能力 θ 分解映射到知识点空间，构成学习者的认知状态（各知识点上的掌握程度），并将其作为 CHI – CDM 模型中的学习者特征向量。在 CHI – CDM 模型中，首先根据学习者集合 $S=\{s_i|i=1,2,\cdots,I\}$ 中的编号生成学习者的初始表征 sid_emb$\in[0,1]^{I\times K}$，其中 I 表示学习者人数，K 表示输入模型的所有学习任务考查的知识点数目总和，通过多层融合网络模型学习获得相同维度的知识掌握程度，具体形式如下所示：

$$A=\begin{bmatrix}\boldsymbol{\alpha}_1\\\boldsymbol{\alpha}_2\\\vdots\\\boldsymbol{\alpha}_I\end{bmatrix} \tag{5-1}$$

其中，$\boldsymbol{\alpha}_i=[\alpha_1,\alpha_2,\cdots,\alpha_K]$ 对应学习者 s_i 在 K 个知识点上的掌握程度。比如，多个学习任务共考查了 4 个知识点，学习者 s_1 的知识掌握程度 $\boldsymbol{\alpha}_1=[0.9,0.6,0.3,0.1]$，其含义是该学习者对知识点 x_1 的掌握程度最高为 0.9，但在知识点 x_3 上的掌握程度则较低只有 0.3，对知识点 x_4 的掌握程度最低，只有 0.1。

2. 学习任务向量表征

学习任务的表征包括考查的知识点向量表征及潜向量——知识权重向量表征。在认知诊断过程中，首先要明确的是学习任务与知识点之间的映射关系。J 项学习任务对应的 K 个知识点由 Q 矩阵指定，具体可表示为如下形式：

$$Q=\begin{bmatrix}q_{11} & q_{12} & \cdots & q_{1K}\\q_{21} & q_{22} & & q_{2K}\\\vdots & \vdots & & \vdots\\q_{J1} & q_{J2} & \cdots & q_{JK}\end{bmatrix} \tag{5-2}$$

其中，q_{jk} 表示达成第 j 项学习任务是否需要第 k 个知识点。若需要该知识点，则 $q_{jk}=1$，否则为 $q_{jk}=0$。若学习任务集合 T 中共涉及 4 个知识点，其中学习任务 t_1 考查了知识点 x_2、x_3 和 x_4，则 $\boldsymbol{q}_1=[0\ 1\ 1\ 1]$。认知诊断模型中，知识点相关向量 $\boldsymbol{q}_j$ 是学习任务的基本特征。本节研究了知识关联对于认知诊断的作用，因此 CHI – CDM 模型进一步将体现知识关联的知识权重表征向量嵌入学习任务中。前面的研究表明，知识关联可通过模糊测度建模表征，在认知诊断中以知识权重的形式与认知状态产生交互。学习任务 t_n 中反映知识关联关系的权重表征向量可以用模糊测度 $\boldsymbol{v}_j$ 表示：

$$\boldsymbol{v}_j:2^{X_j}\rightarrow[0,1],\ X_j=\{x_1,x_2,\cdots,x_{K_j}\} \tag{5-3}$$

这里，X_j 表示学习任务 t_j 所考查的 K_j 个知识点的集合。模糊测度 v_j 表征知识集合权重，这其中同时蕴含了 Q 矩阵的相关信息，因此 CHI – CDM 模型中用模糊测度 v_j 作为学习任务的表征向量。学习任务相关的知识权重随任务不同，其值也会发生变化。知识权重不仅包含单知识点的权重，还考虑了知识关联后的知识集合权重。学习任务的知识权重向量维度与学习任务考查的知识点个数相关。例如，学习任务 t_j 考查 3 个知识点 x_1，x_2 和 x_3 知识权重的表征向量维度为 $2^3 - 1 = 7$，可通过模糊测度神经网络训练得到。该学习任务表征向量表示为

$$v_j = [v(\{x_1\}), v(\{x_2\}), v(\{x_3\}), v(\{x_1, x_2\}), v(\{x_1, x_3\}), v(\{x_2, x_3\}), v(\{x_1, x_2, x_3\})]$$

$$(5 - 4)$$

3. 知识聚合过程

CHI – CDM 模型利用模糊积分中的 Choquet 积分方式来实现多知识的聚合过程。模糊积分在认知诊断中的聚合泛化能力已在上一章得到证明，对于多个信息源的强大聚合能力使其能够更好地嵌入面向学习任务的知识权重向量，从而有效捕捉学习任务的内隐特征，即面向学习任务的知识关联关系及强度。但每项任务所考查的知识点并不相同，所对应的知识点掌握程度也随之被选择出来。

首先，根据 Q 矩阵筛选出第 i 个学习者在第 j 项学习任务上的掌握程度向量 $\boldsymbol{\alpha}_i^{(j)} \subseteq \boldsymbol{\alpha}_i$，结合学习任务特征向量使用模糊积分实现知识聚合，对应输出的形式化表示如下：

$$\eta_i^{(j)} = \mathrm{CHI}(\boldsymbol{\alpha}_i^{(j)}, v_j) \qquad (5 - 5)$$

从而实现融合知识关联的聚合函数计算。然后将计算结果输入全连接层再进行归一化得到学习者在第 j 项学习任务上对应的概率值，以此作为学习表现预测值。

5.2.3　基于模糊积分的认知诊断深度模型实现

本节将详细介绍 CHI – CDM 模型的各模块实现细节。CHI – CDM 模型联合知识关联关系对学习任务进行表征，进而推断学习者的认知状态（各知识点的掌握程度），最后预测学习者作答表现。CHI – CDM 模型由学习者模块、学习任务模块以及聚合评估模块构成。

1. 学习者模块实现

首先通过随机的方式读取作答记录批量获得训练样本序列 $\{s_i, t_j, \boldsymbol{q}_j, r_{ij}\}$，从中读取学习者编号，生成学习者的初始表征向量 sid_emb，由学习者编号乘以一个可以训练的矩阵 M，通过多层神经网络获得该学习者的知识掌握程度向量表征。模型训练时，一次读取 L 个样本 $x_l \in \mathbb{Z}^{L \times K} \subseteq \mathrm{sid\_emb}$，LGL，其中每个样本具有 K 个输入特征，即对应 K 个知识点上的知识掌握程度。在多层神经网络中，隐藏层和输出层均为全连接层。隐藏层 h_1 的权重 $w^{(1)} \in \mathbb{R}^{K \times h_1}$，隐藏层偏置 $b^{(1)} \in \mathbb{R}^{1 \times h_1}$，采用 ReLu 激活函数。输出层权重为 $w^{(2)} \in \mathbb{R}^{h_1 \times K}$，输出层偏置为 $b^{(2)} \in \mathbb{R}^{1 \times K}$。通过 Sigmoid 激活函数保证知识掌握程度在 $[0, 1]$ 区间内。按如下方式计算多层神经网络的输出：

$$\boldsymbol{h}_1 = \boldsymbol{x}\boldsymbol{w}^{(1)} + \boldsymbol{b}^{(1)}$$

$$\boldsymbol{o}_1 = \max(\boldsymbol{h}_1, 0) \qquad\qquad (5-6)$$

$$\boldsymbol{\alpha}_L = \mathrm{sigmoid}(\boldsymbol{o}_1 \boldsymbol{w}^{(2)} + \boldsymbol{b}^{(2)})$$

通过上式获得所读取数据中 L 个学习者样本的知识掌握程度 $\boldsymbol{\alpha}_L = (\alpha_{ik})_{L \times K}$，其中 α_{ik} 表示第 i 个学习者在第 k 个知识点上的掌握程度，由此实现将基于学习者编号的初始向量表征 sid_emb 转换为知识掌握程度向量 $\boldsymbol{\alpha}_L$。由于每项任务所考查的知识点并不相同，进一步根据 $\boldsymbol{Q}$ 矩阵获得学习者在各项学习任务对应的知识掌握程度表征向量 $\boldsymbol{\alpha}_{(J)L}$，具体如下：

$$\boldsymbol{\alpha}_L^{(J)} = \boldsymbol{\alpha}_L[\mathrm{index}], \quad J \subseteq T \qquad\qquad (5-7)$$

其中，index 表示将二值的 $\boldsymbol{Q}$ 矩阵（取值为 0 或者 1）进行维度扩展，通过 index 筛选出学习者在各项任务上的知识掌握程度 $\boldsymbol{\alpha}_L^{(J)} \in [0, 1]^{L \times J \times K'}$，$K' \leqslant K$。举例来说，若 3 个学习任务共考查 5 个知识点，每个任务考查其中的 4 个知识点，如学习任务 t_1 考查知识点 x_1、x_2、x_3 和 x_5。对于一个学习者而言，其知识掌握程度被划分为对应 3 个学习任务的知识掌握程度向量 $\boldsymbol{\alpha}_L^{(t_1)}$，$\boldsymbol{\alpha}_L^{(t_2)}$，$\boldsymbol{\alpha}_L^{(t_3)}$，具体如图 5-3 所示。

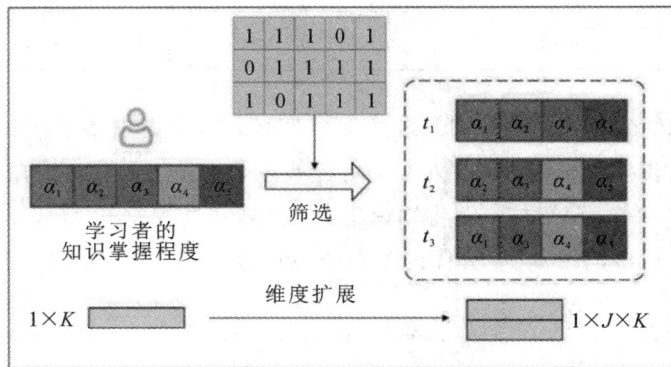

图 5-3　Q 矩阵筛选学习任务对应的知识掌握程度

2. 学习任务模块实现

每项学习任务所考查的知识点不同，正如 3.2 节所描述的，同一个知识在不同任务中的权重（用模糊测度表示）不同，则知识集合间关联的强度也不相同。因此，对于每一个学习任务，需要建立一个单独的神经网络来学习知识权重对应的参数。

学习任务对应的知识权重用 $\boldsymbol{V} = [v_1, v_2, \cdots, v_J]$ 来表示，其中 v_j 表示第 j 个学习任务对应的知识权重，用模糊测度表征知识权重向量。根据模糊测度的定义，模糊测度的数量为知识点的幂集（见公式（5-3）），其中 $v(\varnothing) = 0$ 为确定值且不影响计算结果，则每项学习任务的模糊测度个数为 $\rho = 2^{K_j} - 1$，其中 K_j 表示学习任务 t_j 所考查的知识点数量。知识权重向量 v_j 的维度简化表达为 $\rho \times 1$。

为方便计算，建立知识集合 $A \subseteq X$ 与整数集 $I = \{1, \cdots, 2^{K_j} - 1\}$ 之间的一一映射关系，从而建立模糊测度 $v(A)$ 的索引编码。具体编码方式如下：

（1）取整数集 I 中的集合元素转化为二进制表示，比如元素 $i=4$，对应的二进制表示为 $i=4\Leftrightarrow100$。

（2）对于学习任务 t_j，定义索引表征向量 $c\in\{0,1\}^{K_j}$。

若 $x_i\in A$，则 $c_{K_j-i+1}=1$，否则为 0。其中，知识集合 $A\subseteq X_{t_j}=\{x_1,\cdots,x_{K_j}\}$，$|X_{t_j}|=K_j$ 表示学习任务 t_j 考查的知识点个数为 K_j。

（3）根据索引表征向量 c 确定 $v(A)$ 在整数集 I 中的位置。

举例来说，若学习任务考查的知识点数 $K_j=3$，当知识集合 $A=\{x_1\}$ 时，索引表征向量 $c=(0,0,1)$。相应地，$v(A)$ 对应整数集 I 的元素 $i=1(i=1\Leftrightarrow001)$，$v(\{x_1\})=v_1$。当知识集合 $A=\{x_1,x_3\}$ 时，索引表征向量 $c=(1,0,1)$，此时 $v(A)$ 对应整数集 I 的元素 $i=5(i=5\Leftrightarrow101)$，$v(\{x_1,x_3\})=v_5$。具体来看知识集合 $X=\{x_1,x_2,x_3\}$ 的二进制索引编码，按照表 5-1 展示的模糊测度索引编码方式，进而确定知识集合对应模糊测度的位置，最后实现知识权重度向量 v_j 的有序排列。

表 5-1　知识权重二进制编码方式

$v_1=v_{(001)}$	$v_2=v_{(010)}$	$v_3=v_{(011)}$	$v_4=v_{(100)}$	$v_5=v_{(101)}$	...
$v(\{x_1\})$	$v(\{x_2\})$	$v(\{x_1,x_2\})$	$v(\{x_3\})$	$v(\{x_1,x_3\})$	...

根据学习领域的特点，以及模糊测度的弱单调性，本节提出基于模糊测度的深度神经网络来训练参数以获得知识权重的表征。为方便表达，作如下简化：将知识点 x_1 构成的单点知识集合的权重 $v(\{x_1\})$ 记作 v_1，将知识集合 $\{x_1,x_3\}$ 的权重 $v(\{x_1,x_3\})$ 记作 v_{13}，以此类推，$v(\{x_1,x_2,x_3\})$ 记作 v_{123}。具体的参数学习过程如图 5-4 所示。

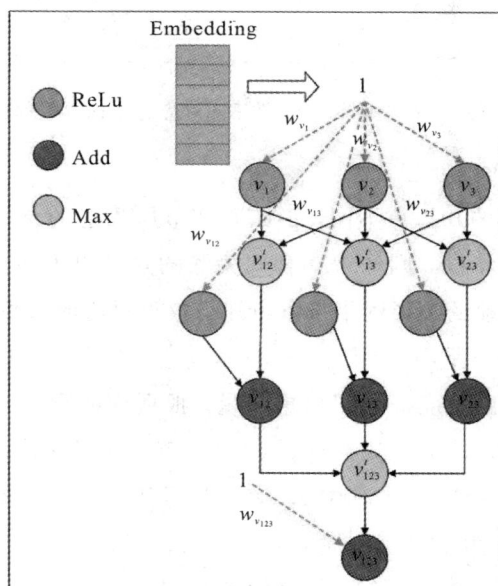

图 5-4　基于模糊测度的深度神经网络

在深度学习领域中，参数初始化的方法对模型的收敛及性能有着非常大的影响。采用 Islam M A 研究中的参数学习思路，考虑初始化模糊测度学习深度神经网络参数 w，对应于模糊测度的生成有一个相应的网络权重参数：$\forall A \subset X$，且 $A \neq \varnothing$，初始化参数赋值如下：

$$w_{v_A} = \frac{1}{\rho - 1}, \quad \rho = 2^{K_j} - 1 \tag{5-8}$$

其中，K_j 是该网络对应的学习任务所考查的知识点数。由此可见，模糊测度神经网络的初始参数取值与知识点数量相关。根据有限集合模糊测度的性质，可知 $v(X) = 1$，那么对于考查 K_j 个知识点的学习任务需要学习的模糊测度共有 $\rho - 1 = 2^{K_j} - 2$ 个。因此，网络权重参数的初始值是所有需要学习的模糊测度个数的均值。下面分两种情况，计算学习任务 t_j 中的知识权重：

（1）单知识点集合的模糊测度表征 $v_j^{(1)} \in [0, 1]$。由于单个知识点集合的模糊测度不受单调性的约束，因此，网络权重参数通过 ReLu 函数获得取值，具体定义如下：

$$若 |A| = 1，则 v(A) = \text{ReLu}(w_{v_A}) \tag{5-9}$$

如知识点 x_1 的权重 $v_1 = v(\{x_1\}) = w_{v_1}$，知识点 x_2 的权重 $v_2 = v(\{x_2\}) = w_{v_2}$。

（2）知识集合的模糊测度表征 $v_j^{(m)}$，其中 $1 < m < |X|$。根据模糊测度性质中的单调性约束，若 $A, B \subseteq X$，同时 $B \subseteq A$，则 $v(B) \leqslant v(A)$。这意味着知识子集的权重取值要符合该约束条件。具体定义如下：

$$若 |A| > 1，则 v(A) = \max\{v(B)\} + \text{ReLu}(w_{v_A}) \tag{5-10}$$

其中，$B \subset A$，$|B| = |A| - 1$，$v(A)$ 对应知识集合 A 的权重。由式（5-10），可得 $v(A) \geqslant v(B)$，由此保证了 $v(A)$ 取值的单调性。如，知识集合 $A = \{x_1, x_2\}$，则该知识集合的权重表示为 $v_{12} = \max\{v_1, v_2\} + \text{ReLu}(w_{v_{12}})$。

上述两类知识集合涵盖了一项学习任务中所有知识集合的模糊测度。按索引编码的顺序依次拼接后，获得该学习任务的知识权重向量 $v_j = [v_j^{(1)}, v_j^{(m)}]^T$。

3. 多知识聚合模块实现

本模块首先考虑将反映知识关联关系的知识集合权重嵌入到聚合函数中，其次选择泛化性较好的聚合函数用于多知识的聚合。在学习任务模块中，充分考虑模糊测度的约束条件基础上学习获得知识权重的表征向量 v_j。本节将通过模糊积分（Choquet 积分）神经网络来实现融合知识权重的聚合方法。

1）Choquet 积分的表达能力

本节采用模糊积分中的 Choquet 积分来捕获体现知识关联关系的知识权重与知识掌握程度之间的关系。根据 2.4 节 Choquet 积分的定义，结合认知诊断中多知识聚合的实际含义，聚合函数定义如下：

$$C_v = \sum_{k=1}^{K} \left[\alpha_{(k)} - \alpha_{(k+1)} \right] v(H_{(k)}) \tag{5-11}$$

这里，α_k 表示学习者对于知识点 x_k 的掌握程度，对 α_k 进行递减排序后表示为 $\alpha_{(k)}$，即 $\alpha_{(1)} \geqslant \alpha_{(2)} \geqslant \cdots \geqslant \alpha_{(K)}$，同时 $\alpha_{(0)} = 0$。$H_{(k)} = \{x_{(1)}, x_{(2)}, \cdots, x_{(k)}\}$ 表示知识掌握程度 α 集合中前 k 个最大元素对应下标构成的知识点集合，$v(H_{(k)})$ 表示对应知识集合的权重。

Choquet 积分具有强大的表达能力，使得它成为模糊积分中使用最为广泛的一种积分。通过模糊测度的不同取值变换，可以表达出不同的聚合效果。具体来看：

（1）若 $v(H_k) = 1$，$\forall (A) \in 2^X \setminus \varnothing$，则 Choquet 积分等价于最大算子（maximum）的操作结果。$C_v(h) = \alpha_{(K)} - \alpha_{(0)} = \alpha_{(K)}$。

（2）若 $v(H_k) = 0$，$\forall (A) \in 2^X \setminus X$，则 Choquet 积分等价于最小算子（minimum）的操作结果。根据模糊测度性质 $v(X) = 1$，则 $C_v(h) = \alpha_{(1)} - \alpha_{(0)} = \alpha_{(1)}$。

（3）若 $v(H_k) = \dfrac{|H_k|}{K}$，则 Choquet 积分等价于取平均值的操作结果。

$$C_v(h) = \frac{K-k+1}{K}(\alpha_{(k)} - \alpha_{(k-1)}) + \frac{K-k}{K}(\alpha_{(k+1)} - \alpha_{(k)}) + \cdots + \frac{K}{K}(\alpha_{(K)} - \alpha_{(K-1)})$$
$$= \frac{\alpha_{(1)} + \cdots + \alpha_{(K)}}{K} \tag{5-12}$$

上述情况都可以视为对模糊测度的约束或简化。同时，Choquet 积分是可微的，对于可加性的模糊测度度量，它可以变换为 Lebesgue 积分，同时它可以产生更广泛的（相比于 Sugeno 积分）取值范围。正因为 Choquet 积分可适应更为广泛的聚合需求，本章选择将其用于认知诊断的多知识聚合函数。

2）Choquet 积分的替换表达形式

由公式（5-11）可知，Choquet 积分中知识权重向量 v_j 的取值会影响学习任务 t_j 的知识聚合结果。换个角度来看，Choquet 积分也可以看作是关于知识权重向量的线性函数。为了构建适于神经网络的表达形式，可将 Choquet 积分转换为如下公式表达：

$$C_v = \sum_{A \subseteq X} v(A) g_A(\alpha) \tag{5-13}$$

其中，$v(A)$ 表示知识权重，$g_A(\alpha)$ 是关于知识掌握程度的函数。经证明，式（5-13）与式（5-11）等价。

对于每个知识集合 $A \subseteq X$，令

$$g_A(\alpha) = \max(0, \min_{k \in A} \alpha_{(k)} - \max_{k \in X \setminus A} \alpha_{(k)}) \tag{5-14}$$

同样，$\alpha_{(k)}$ 是对 α_k 进行递减排序后的结果，即 $\alpha_{(1)} \geqslant \alpha_{(2)} \geqslant \cdots \geqslant \alpha_{(K)}$。

需要注意的是，集合 A 是知识掌握程度 α 中前 k 个最大元素对应下标构成集合

的子集，即 $A \subset \{x_{(1)}, x_{(2)}, \cdots, x_{(k)}\}$，$g_{(A)} = 0$。比如，$A = \{x_{(1)}, x_{(2)} \cdots, x_{(k-1)}\}$，则 $g(A) = \max(0, \alpha_{(k-1)} - \alpha_{(k)}) = 0$。

举例来说，某道题目涉及三个知识点 $X = \{x_1, x_2, x_3\}$，若对应的知识掌握程度分别为 $\alpha_1 = 0.5$，$\alpha_2 = 0.4$，$\alpha_3 = 0.7$，将知识掌握程度按照从大到小的顺序排列，可得 $\alpha_{(1)} = 0.7$，对应知识点 x_3。同理，$\alpha_{(2)} = 0.5$，$\alpha_{(3)} = 0.4$，分别对应知识点 x_1 和 x_2。计算过程如下所示：

$$g_{123} = \max(\min(\alpha_{(1)}, \alpha_{(2)}, \alpha_{(3)}) - 0) = 0.4$$
$$g_{13} = \max(0, \min(\alpha_{(1)}, \alpha_{(2)}) - \alpha_{(3)}) = 0.1$$
$$g_3 = \max(0, \alpha_{(1)} - \max(\alpha_{(2)}, \alpha_{(3)})) = 0.2$$
$$g_1 = g_2 = g_{12} = g_{23} = 0$$

代入公式(5-13)计算知识聚合过程可得

$$C_v = \sum_{A \subseteq X} v(A) g_A(\alpha) = v(\{x_1, x_2, x_3\}) g_{123} + v(\{x_1, x_3\}) g_{13} + v(\{x_3\}) g_3$$

3) 基于模糊积分神经网络的 CHI-CDM 模型实现

本节将重点介绍基于模糊积分神经网络的 CHI-CDM 模型实现细节。该模型的目标是通过学习者知识掌握程度向量 $a_{(j)}$ 和基于知识关联的知识权重向量 v_j 来生成聚合结果，预测学习者的作答表现。下面将解决如何汇聚这两方面的向量来预测学习者表现的问题，使得生成的得分向量在考虑知识关联的基础上更为准确地诊断认知状态。从图 5-5 中可以观察到，将学习者的嵌入向量 sid_emb 输入多层神经网络后得到知识掌握程度 α，根据 Q 矩阵，获得学习任务 t_j 的知识掌握程度向量 $\alpha_{(j)}$。经过一系列变换后(见公式(5-14))得到聚合函数计算所需要的知识掌握程度表征形式 $g_A(\alpha)$。由此获得知识聚合模块的其中一个输入。另一方面，将模糊测度深度神经网络输出的表征向量 v_j(j 项任务的知识权重向量)置于聚合函数中计算，得到理想作答反应 η。

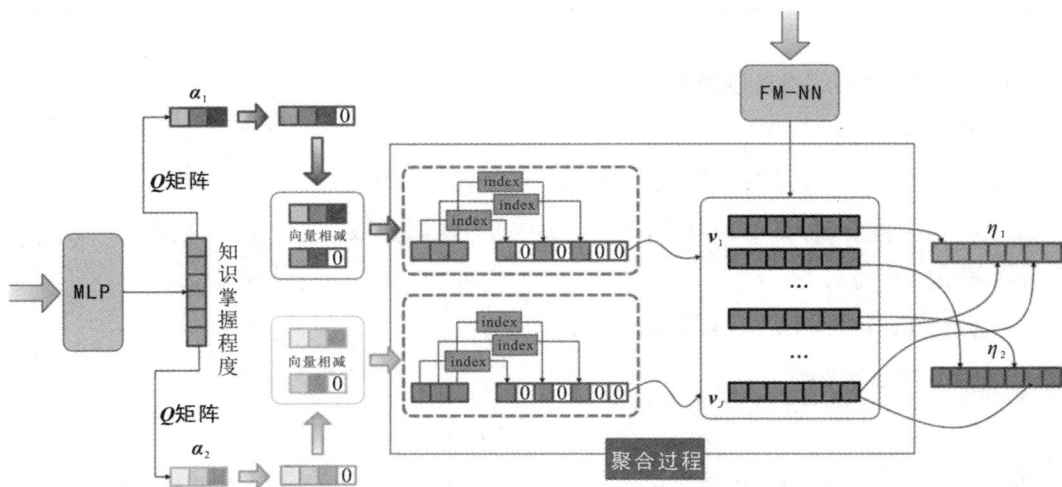

图 5-5　基于 Choquet 积分的知识聚合过程

图 5-5 中对应知识聚合过程的实现算法。根据图 5-6 所示算法实现知识聚合的计算。例如学习者 i 知识掌握程度 $\boldsymbol{\alpha}_i = [0.4, 0.2, 0.7]$，分别对应知识点 x_1、x_2 和 x_3。学习任务 j 的知识权重取值如表 5-2 所示。

算法 1：基于 Choquet 积分的知识聚合算法

输入：学生 i 的知识掌握程度 $\boldsymbol{\alpha}_i \in [0, 1]^{1 \times K}$，学习任务 j 的知识权重向量 $\boldsymbol{v}_j \in [0, 1]^{(2^K - 1) \times 1}$，学习任务 j 考查的知识点集合 $X = \{x_1, x_2, \cdots, x_K\}$

输出：第 i 个学生在学习任务 j 上的理想作答反应 η

初始化向量 $g_A(\boldsymbol{\alpha}_i) \in \{0\}^{1 \times (2^K - 1)}$

1　初始化向量递减排序知识掌握程度 $\boldsymbol{\alpha}_i$，得到排序后的知识掌握程度向量 $\boldsymbol{\alpha}_{(i)}$ 和序号 sort_id。

2　扩展 $\boldsymbol{\alpha}_{(i)}$ 向量维度，增加一列零向量，得到 $\boldsymbol{\alpha}'_{(i)} \in [0, 1]^{1 \times (K+1)}$。

3　获取差值向量：$\Delta\boldsymbol{\alpha} = \boldsymbol{\alpha}'_{(i)}[0 : K_n] - \boldsymbol{\alpha}'_{(i)}[1 : K_n + 1]$。

4　取 2 的 sort_id 次方按列求和，获得定位 loc，将 $\Delta\boldsymbol{\alpha}$ 按定位赋值，$g_A(\boldsymbol{\alpha}_i)[\text{loc}] = \Delta\boldsymbol{\alpha}$。

5　实现知识聚合计算：$\eta = \sum\limits_{A \subseteq X} \boldsymbol{v}_j(A)^{\mathrm{T}} g_A(\boldsymbol{\alpha})$

图 5-6　基于 Choquet 积分的知识聚合实现算法

表 5-2　学习任务的知识权重取值

$v(\{x_1\})$	$v(\{x_2\})$	$v(\{x_1, x_2\})$	$v(\{x_3\})$	$v(\{x_1, x_3\})$	$v(\{x_2, x_3\})$	$v(\{x_1, x_2, x_3\})$
0.1	0.2	0.4	0.4	0.5	0.7	1

知识聚合的计算过程具体如下：

(1) 初始化 $g_A(\boldsymbol{\alpha}) \in \{0\}^{1 \times 7}$；

(2) 知识掌握程度递减排序：$\boldsymbol{\alpha}_{(i)} = [0.7, 0.4, 0.2]$，sort_id $= [2, 0, 1]$；

(3) 获得差值向量：$\boldsymbol{\alpha}'_{(i)} = [\boldsymbol{\alpha}_{(i)}, 0]$，$\Delta\boldsymbol{\alpha} = \boldsymbol{\alpha}'_{(i)}[0 : 2] - \boldsymbol{\alpha}'_{(i)}[1 : 4] = [0.3, 0.2, 0.1]$；

(4) 获取 loc 位置 loc $= [4, 5, 7]$；

(5) 赋值 $g_A(\boldsymbol{\alpha}) = [0, 0, 0, 0.3, 0.2, 0, 0.1]$；

(6) 输出理想作答反应：

$$\eta = \sum_{A \subseteq X} \boldsymbol{v}_j(A)^{\mathrm{T}} g_A(\boldsymbol{\alpha}) = 0.32$$

最后将输出的理想作答反应 η 作为输入连接多层神经网络，以下是两个完整的连接层和一个输出层：

$$f_1 = \varphi(\boldsymbol{w}_{o_1} \times \boldsymbol{\eta} + \boldsymbol{b}_{o_1})$$
$$f_2 = \varphi(\boldsymbol{w}_{o_2} \times f_1 + \boldsymbol{b}_{o_2}) \qquad (5-15)$$
$$\hat{y} = \text{sigmoid}(\boldsymbol{w}_{o_3} \times f_2 + \boldsymbol{b}_{o_3})$$

其中，φ 表示 ReLu 激活函数，最后通过 Sigmoid 函数保证预测得分结果 $\hat{y} \in [0,1]$。同时在诊断模型中的单调递增性假设的基础上，提出以下基本假设：随着学习者理想作答反应的增加，作答正确反应的概率都是单调增加的。因此模型训练时，采用将 $\boldsymbol{w}_{o_1}$、$\boldsymbol{w}_{o_2}$ 和 $\boldsymbol{w}_{o_3}$ 等参数限制为正，由此在训练过程中始终满足单调性假设。

需要特别说明的是，对于一个学习者的知识掌握程度 $\boldsymbol{\alpha}_i$，对应 J 个学习任务生成 J 个知识掌握程度向量 $\boldsymbol{\alpha}_i^j$。模型训练时，相应的输出是一个学习者在 J 个学习任务上的预测得分 $\hat{y}_i \in [0,1]^{J \times 1}$。而随机读取作答记录作为训练样本，所对应的真实标签为一个学习者在单项任务的实际作答分数。因此根据当前学习者对应的任务编号进行 one-hot 编码（如图 5-7 所示），以提取当前学习者在某一项任务的预测得分，再和真实标签进行比较，并计算损失函数。

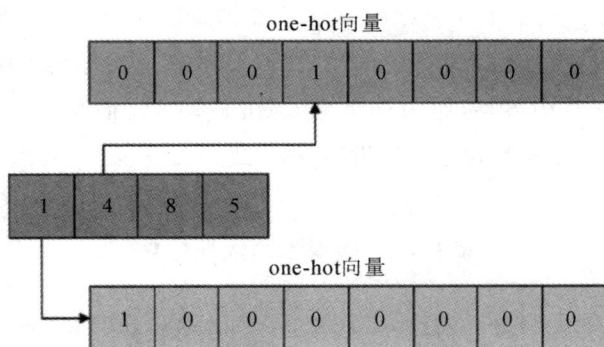

图 5-7　预测得分的 one-hot 向量

神经网络的损失函数是输出 $\hat{y}_i$（预测值）和真实标签 y_i（真实得分）之间的交叉熵，目标函数定义如下：

$$L = -\sum_i y_i \ln \hat{y}_i \qquad (5-16)$$

联合知识掌握程度和知识权重向量通过 Choquet 积分实现知识聚合，从而获得理想作答反应，同时连接多层神经网络来预测最终的作答表现。

5.3　认知诊断模型实验

本节将设计实验根据以下三个研究问题分别对本节提出的融合知识关联的认知诊断深度模型（CHI-CDM）在模型有效性、学习者知识掌握程度、知识关联关系三个方面的表现进行说明。

　　研究问题1：CHI-CDM模型参数统一学习的有效性，能否提升学习者作答成绩的预测表现？

　　研究问题2：CHI-CDM模型能否获得学习者知识掌握程度？

　　研究问题3：CHI-CDM模型能否有效表达知识关联关系？

5.3.1　模型实验设置

　　为验证CHI-CDM模型的有效性，本节选择2个公开数据集进行实验。考虑CHI-CDM模型是面向学习任务的认知诊断模型，数据集中每项任务应涉及多个知识点。目前大多数据集中，学习任务与知识点是一一对应的映射关系，不适于该模型的应用场景。因此，本节采用知识交互较多的Math1数据集和Math2数据集。在预处理阶段中，由于CHI-CDM模型处理具有等量知识点的学习任务，首先根据 Q 矩阵观察每项任务所考查的知识点，再将数据集中知识点数目相同的学习任务筛选出来，分别形成Math_A和Math_B两个数据集。Math_A数据集是Math1数据集筛选后的结果，其中每项任务均包含3个知识点（每项任务可能对应不同的3个知识点）。Math2数据集选择考查四个知识点的学习任务后构成Math_B数据集（如表5-3所示）。数据集以json格式文件读入模型，按照8：1：1的比例划分数据集，其中80%作为训练集，10%作为验证集，10%作为测试集。每一条学生作答记录包括学生编号、试题编号、试题得分以及试题考查的知识点4个属性。

表5-3　数据集的统计信息

数据集	学习者数	学习任务数量	知识点数	得分范围	作答记录
Math_A	4209	7	8	{0, 1}	29 463
Math_B	3910	7	13	{0, 1}	22 330

　　Math_A数据集中，如图5-8所示，横轴对应学习任务，纵轴对应该任务所考查的知识点。即每一行代表一个知识点，每一列代表一项学习任务。具体来看，图5-8(a)中，Math_A数据集共包含7项学习任务，总共涉及8个知识点，每项任务关联其中的3个知识点。例如，学习任务 t_1 考查知识点为 x_2、x_7 和 x_8。同样，在图5-8(b)中Math_B数据集中包含7项学习任务，总共涉及8个知识点，每项任务关联其中的4个知识点。例如，学习任务 t_7 考查知识点为 x_4、x_{10}、x_{12} 和 x_{13}。

(a) Math_A数据集

(b) Math_B 数据集

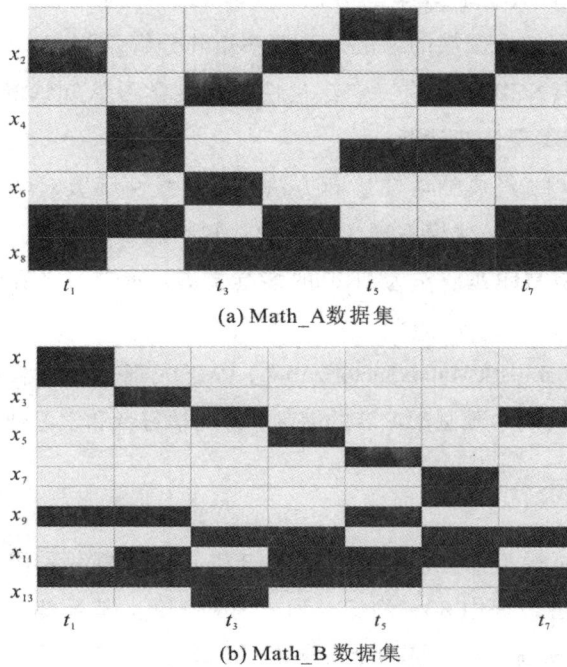

图 5 - 8　筛选后的数据集 Q 矩阵示例

1. CHI - CDM 模型参数设置

本节基于 Pytorch 深度学习框架实现 CHI - CDM 模型。为保证实验的公平性，所有对比方法的模型参数均被调整至最优性能。在知识掌握程度的多层网络中，网络参数维度分别设置为 $128,256,1$。同时将 ReLu 作为中间层的激活函数。为保证知识掌握程度的范围在 $[0,1]$ 区间，输出层采用 Sigmoid 激活函数。在初始化网络参数阶段，使用 Xavier 初始化参数，根据 $N(0,std^2)$ 采样随机值填充权重。

$$std=\sqrt{\frac{2}{n_{in}+n_{out}}} \tag{5-17}$$

其中，n_{in} 是输入权重的神经元数量，n_{out} 是结果输出的神经元数量。

在模糊测度神经网络中网络层数取决于学习的模糊测度个数。单个知识点对应的模糊测度为第一层，两个知识点组合的知识集合对应第二层，以此类推。Choquet 积分计算结果输入全连接层，维度设置为 $256,128,1$。为了防止过拟合情况发生，在全连接层的每一层加入 Dropout 机制（$p=0.5$），并同样采用 ReLu 作为激活函数，输出层采用 Sigmoid 激活函数。最后用交叉熵作为损失函数来训练 CHI - CDM 模型。

2. 对比方法

为了验证 CHI - CDM 模型的有效性，本节选取了 NCD，IRT，MIRT 和 PMF 作为基准方法对学习者的学习表现进行预测。首先选取当前具有代表性的深度认知诊断模型

（NCD）。同时，引入来自教育心理学的方法——项目反应理论模型（IRT）及其拓展模型（MIRT），以及来自数据挖掘领域的方法——概率矩阵分解（PMF）。对比方法具体如下：

神经认知诊断模型（NCD）：具有一定泛化性的深度学习认知诊断模型，通过神经网络实现复杂的交互函数来实现认知诊断。

项目反应理论（IRT）：经典的认知诊断方法，通过线性函数对学习者的潜在特质和任务特征参数（如难度与区分度）建模实现学习者的认知状态诊断。

多维项目反应模型（MIRT）：作为 IRT 的多维扩展，对学习者和学习任务的多维度知识的熟练程度进行建模。

概率矩阵分解（ProbabilisticMatrixFactorization，PMF）：通过分解学习者得分矩阵，将学习者和学习任务映射到隐空间中预测学习者的表现，得到学习者和学习任务的潜在特征向量。

5.3.2　模型实验结果分析

为衡量 CHI-CDM 模型的性能，本节从回归和分类的角度采用了不同的指标进行实验。首先，将数据集作答数据中 80％ 的记录划分为训练集，其余部分平均划分为验证集和测试集。从回归的角度来看，选择平均绝对误差（MAE）来量化预测分数与实际分数之间的误差。MAE 指标的数值越小，代表模型的预测结果越好。从分类的角度来看，学习者的作答记录可以分别表示为 0 和 1，实验将学习者得分为 1 视为正例，将学习者答错得分为 0 视为负例。评估模型时，综合考虑精确率和召回率，为此使用 F1-score 和 ROC 曲线下面积 AUC 指标进行评估。通常情况下，当指标值为 0.5 时，表示预测结果是随机的。F1-score 和 AUC 指标的数值越大，代表模型预测结果越好。

实验中，将 CHI-CDM 模型的预测表现与其他模型进行了比较，表 5-4 描述了所有模型在学习者表现预测上的总体性能，其中最佳的预测结果用粗体表示。与 NCD 模型相比，MAE 误差下降了 2.86％，同时 AUC 指标和 F1-score 指标均有提高，与 IRT、MIRT 以及 PMF 模型相比更是具有明显优势。这表明，融合知识关联的 CHI-CDM 模型对于学习者的学习表现预测任务是有效的，可以获得更为准确的诊断结果，提高预测精度。其次，在 Math_B 数据集上，CHI-CDM 的预测表现几乎都比不考虑知识关联的基准模型表现得更好。对比 Math_A 和 Math_B 的实验结果，在 Math_A 数据集上的优势更为显著。而在数据集 Math_B 上 F1-score 指标略低于 NCD 模型，但较 IRT、MIRT 以及 PMF 模型仍具有一定的优势。原因可能与数据集 Math_B 中的知识点本身的特征有关，部分学习任务中知识点之间存在的关联关系较弱（如掌握概率论和等差数列的能力之间是相对独立的）。因此，是否融合知识关联进行学习预测对结果影响并不明显。这可能在一定程度上削弱了融合知识关联的 CHI-CDM 模型的效果。但同时也可以说明 CHI-CDM 模型对于认知诊断工作的适用性，在知识关联关系较弱的学习场景下，同样具有相对较好的性能，能够获得较高的预测精度。

结果分析 1：总体上来看，CHI-CDM 模型在分类和回归指标上的性能优于其他模型，提升了在学习者作答成绩上的预测表现。

表 5-4 学习表现预测对比实验结果

(a) Math_A 数据集

模型	AUC	F1-score	MAE
CHI-CDM	0.7026	0.7877	0.3509
NCD	0.6975	0.7827	0.3795
IRT	0.6556	0.7467	0.3795
MIRT	0.6835	0.7798	0.4073
PMF	0.6668	0.7318	0.4153

(b) Math_B 数据集

模型	AUC	F1-score	MAE
CHI-CDM	0.6969	0.6854	0.3967
NCD	0.6882	0.6864	0.4197
IRT	0.6451	0.6144	0.4406
MIRT	0.671	0.6334	0.437
PMF	0.6722	0.6104	0.4189

案例分析 1 面向学习任务的知识全局重要度及交互指标。

CHI-CDM 模型可得到每个学习任务的知识权重向量，根据公式(3-10)和(3-11)可计算得出知识全局重要度及两两知识间的交互指标。这里的知识全局重要度是综合考虑各知识自身的权重以及包含该知识的集合权重，也就是充分利用知识关联关系后得出的全局重要度。图 5-9(a)显示了数据集 Math_A 中每项任务包含各个知识点的全局重要度。由于每项学习任务考查的知识点并不完全相同，图中横坐标表示学习任务中的知识点出现的顺序。第 1 个知识点标记为 1，第 2 个知识点标记为 2，第 3 个知识点标记为 3。如，学习任务 t_1 对应三个知识点"平面向量"(x_2)、"推理论证"(x_7)、"计算"(x_8)，而学习任务 t_3 对应三个知识点"函数性质"(x_3)、"抽象概括"(x_6)、"计算"(x_8)。对于学习任务 t_1 而言，第一个知识点为 x_2，而对于学习任务 t_3 而言，第一个知识点对应的是知识点 x_3。纵轴对应各项学习任务。根据图 5-9(a)，可知学习任务知识点 x_8 对应的是"计算"这一知识点，出现在 6

项学习任务中，可看作几项学习任务共同的知识基础。从考查目标来看，"计算"必然不是学习任务重点关注的一个知识点，因此它在各项学习任务中的重要程度是最低的，这也符合图 5 - 9(a)的结果。同时可知数据集 Math_A 中学习任务 t_2 考查的知识点包括"函数图像"(x_4)、"空间想象"(x_5)和"推理论证"(x_7)，学习任务 t_5 考查的知识点包括"三角函数"(x_1)、"空间想象"(x_5)和"计算"(x_8)，学习任务 t_6 考查的知识点包括"函数性质"(x_3)、"空间想象"(x_5)和"计算"(x_8)。知识点"空间想象"(x_5)出现在三项学习任务中(t_2，t_5 和 t_6)。t_2 任务中知识点 x_5 对应的重要度 $\phi(x_5)=0.37$，在 t_5 任务中知识点 x_5 对应的重要度 $\phi(x_5)=0.43$，而在任务 t_6 中 $\phi(x_5)=0.39$。由此可以看出，同一个知识点在不同的学习任务中，其重要程度随学习任务的不同而不同。另外，根据图 5 - 8(a)所示，任务 t_1、t_4 和 t_7 考查了相同的三个知识点。这三个学习任务考查目标一致，相同知识点的重要度也一致，符合任务本身的设置要求。数据集 Math_B 中知识点 x_{12} 对应"计算"，出现在 6 项学习任务中，同样可看做各项任务的基础，其相应的重要性程度较低。这与图 5 - 9(b)显示的结果也是一致的。

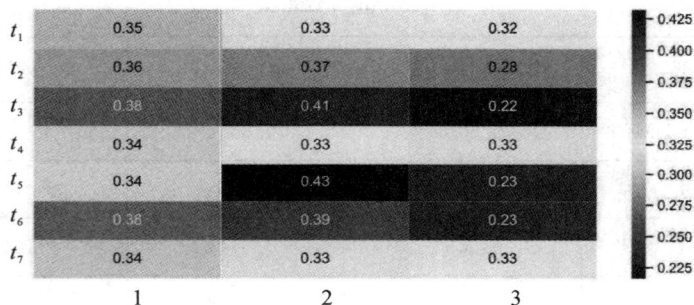

(a) Math_A 数据集

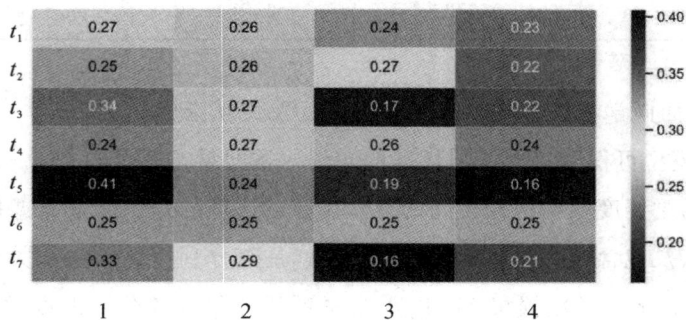

(b) Math_B 数据集

图 5 - 9　面向学习任务的知识全局重要度

再来看交互指标，以数据集 Math_A 中的学习任务 t_2 为例，该任务涉及三个知识点：第 1 个知识点：函数图像(x_1)，第 2 个知识点：空间想象(x_5)以及第 3 个知识点计算(x_8)。图 5 - 10 表明知识点之间的交互指标，如图 5 - 10(a)中，第 2 个知识点和第 3 个知识点的交互指标为 −0.34。从图 5 - 10 可以看出，第 1 个知识点函数图像(x_1)与第 2 个知识点空间想象(x_5)的交互指标 $I_{12} = -0.5$，而第 1 个知识点函数图像(x_1)与第 3 个知识点计算(x_8)的交互指标 $I_{13} = -0.33$。根据 Grabisch 的研究，若两个知识点之间的交互指标越高，则说明这两个知识点间的互补性越强。由此可知，"函数图像"与"计算"的互补性更高，而知识点"函数图像"与"空间想象"的相关性更高。从知识点本身的关系来看，与交互指标显示的结果是一致的。

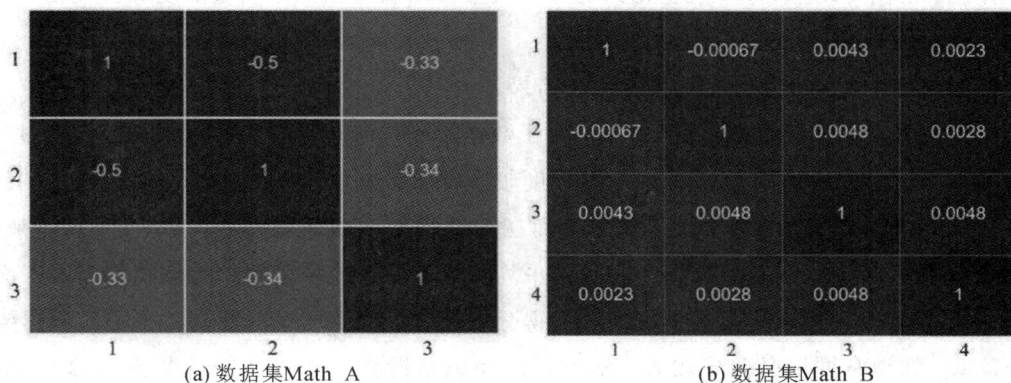

(a) 数据集Math_A　　　　　　　　　　(b) 数据集Math_B

图 5-10　面向学习任务的知识交互指标

以数据集 Math_B 中的学习任务 t_6 为例，该任务涉及 4 个知识点，第 1 个知识点线性规划、第 2 个知识点算法定义、第 3 个知识点空间想象以及第 4 个知识点推理论证。此时知识权重仅考虑学习任务 t_6 的 4 个知识点，对这 4 个知识点按 Q 矩阵中的出现顺序，重新编号简化表达为线性规划(x_1)、算法定义(x_2)、空间想象(x_3)以及推理论证(x_4)。根据 CHI-CDM 模型可获得知识权重，如表 5-5 所示。

表 5-5　CHI-CDM 模型学习获得的知识权重

知识集合	权重取值	知识集合	权重取值
$v(\varnothing)$	0	$v(\{x_2, x_3\})$	0.497
$v(\{x_1\})$	0.246	$v(\{x_2, x_4\})$	0.494
$v(\{x_2\})$	0.246	$v(\{x_3, x_4\})$	0.494
$v(\{x_3\})$	0.248	$v(\{x_2, x_3, x_4\})$	0.748
$v(\{x_4\})$	0.246	$v(\{x_1, x_2, x_3\})$	0.744
$v(\{x_1, x_2\})$	0.494	$v(\{x_1, x_2, x_4\})$	0.738
$v(\{x_1, x_3\})$	0.497	$v(\{x_1, x_3, x_4\})$	0.747
$v(\{x_1, x_4\})$	0.494	$v(\{x_1, x_2, x_3, x_4\})$	1

由表可得如下结论(考虑计算误差,取小数点前两位)$v(\{x_1\})+v(\{x_2\})=v(\{x_1,x_2\})$,
$v(\{x_1\})+v(\{x_3\})=v(\{x_1,x_3\})$,$v(\{x_2,x_3,x_4\})=v(\{x_2,x_4\})+v(\{x_3\})$。根据公式(3-5)
可判断该任务中各个知识点及知识集合之间为独立关系。同时,由图5-9可知,各个知识
点之间的重要程度相同。同时各知识点的交互指标应该接近于0(如图5-10所示),表示各
个知识点之间相对独立。综上可知,实验结果符合学科的一般认知规律,结论具有一定的
可解释性。根据CHI-CDM模型得到的知识权重可以获得知识全局重要度和交互指标,有
利于更好地理解学习任务特征。

案例分析2　学习者的认知状态诊断结果。

图5-11显示了两个学习者s_1和s_2对于数据集Math_A上8个知识点的掌握程度。图
中可以看出学习者s_1对知识点3的掌握程度较高,对其他知识点的掌握程度较为平均。而
学习者s_2则对知识点2的掌握程度很高,而在知识点8上的知识掌握程度较低。总体来看,
学习者s_1在各个知识点上的掌握情况较为平均,属于学习水平发展较为均衡的学生。而学
习者s_2在涉及知识点2相关的学习任务上得分较高,而在涉及知识点8相关的学习任务上
得分较低,知识掌握情况差异较大。学习者的知识掌握程度通过认知诊断方法诊断获得,
将学习者潜在的认知状态可视化展现,学习者可以直观地发现自己的优势与不足,做到及
时查缺补漏。同时教师也可以此为依据,推荐知识薄弱环节的相应练习,有针对性地给不
同的学习者布置不同的学习任务,从而有效地帮助学习者提高能力水平。

结果分析2:通过CHI-CDM模型同时可以获得学习者在各个知识点潜在的知识掌握
程度。

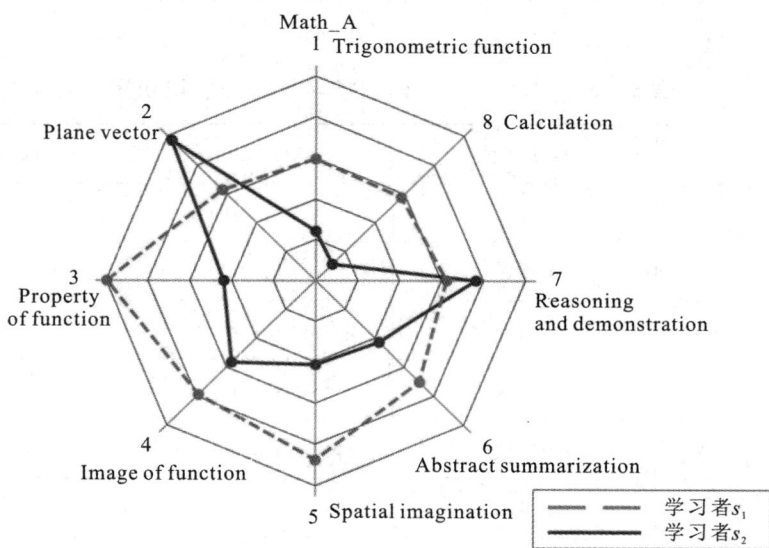

图5-11　学习者知识掌握程度示例

5.4　面向编程学习的认知诊断应用

　　本节以编程学习作为案例针对本书所研究的知识关联关系建模、模型聚合方式以及参数统一学习这三方面的工作开展相关应用研究。编程学习已不仅限于计算机相关专业，也逐步成为其他许多专业的通识课程。面向编程的学习具有相对较广的应用范围，因此本节选择编程学习数据来开展融合面向学习任务的认知诊断应用研究。实验使用实际平台学习产生的真实数据集，称为 Program。在平台中，学习者针对具体任务进行作答时，得到"通过"或"不通过"的结果，"通过"即获得相应积分。平台允许学习者多次重复作答，考虑到学习者可能存在误操作的情况，在本实验场景中，数据仅记录学习者前两次作答的记录以保证公平性。在预处理环节，本节选择考查了三个知识点的学习任务（知识的标注结合学习任务对应的练习章节，经由 5 名学科领域专家共同标注完成），删除了答题人数少于 5000 人的学习任务以及答题数据少于 20 题的学习者的作答记录。数据集包含 22 个学习任务，共涉及 30 个知识点，每项学习任务考查其中的 3 个知识点，如"for 循环语句""if 分支语句"等。数据集具体情况如表 5 - 6 所示。

表 5 - 6　基于 Program 数据集的统计信息

数据集	学习者数	学习任务数量	知识点数	得分范围	作答记录
Program	5625	22	30	{0，1}	123 750

　　进一步分析数据集的得分频率直方图，可以看出学习者的成绩整体呈正态分布，处理后的数据集能较好地反映学习者的学习情况（如图 5 - 12 所示）。

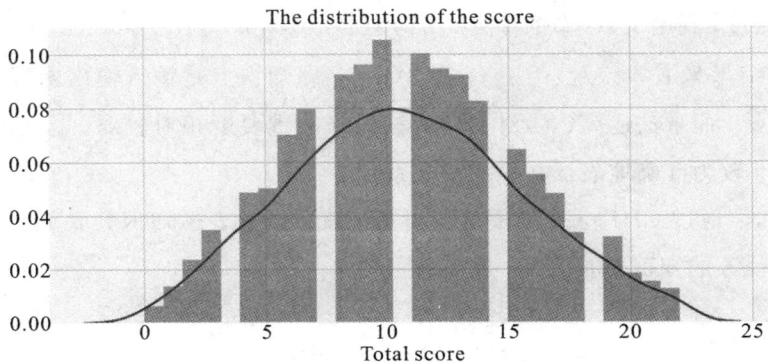

图 5 - 12　数据集得分情况直方图

　　实验参数参照 5.3.1 节的实验设置完成。如表 5 - 7 所示，CHI - CDM 模型在 Program 数据集上的性能明显优于其他模型。相比 NCD 模型，在 AUC 和 F1 - score 上的精度分别提高了 1.59% 和 4.6%。而在 MAE 指标上，误差则降低了 3.4%。可见，在编程学习领域，CHI - CDM 模型同样具有较好的适用性。编程学习强调综合运用多个知识来解决问题，知识间的关联关系更为显著，因此使用融合知识关联的认知诊断模型在处理这一类学习场景时更具有优势。

表 5 - 7 基于数据集 Program 的预测结果

认知诊断模型	AUC	F1 - score	MAE
CHI - CDM	0.7601	0.6955	0.3269
NCD	0.7442	0.6488	0.3613
IRT	0.6648	0.6153	0.4323
MIRT	0.7419	0.6776	0.3483
PMF	0.7582	0.676	0.3951

案例分析 3 知识关联关系分析。

在立体几何计算任务中，要求用 Scanf 输入数据（指定为 double 型浮点数），输出圆柱体积的计算结果，输出时取小数点后两位数字。任务考查三个知识点：输入输出函数（x_1）、浮点数（x_2）、乘法运算（x_3）。从任务描述中，可知该题重点考查的知识点是输入输出函数（x_1）和浮点数（x_2）。从 CHI - CDM 模型获得知识权重，可得 $v(\{x_1\}) = 0.12$，$v(\{x_2\}) = 0.2$，$v(\{x_3\}) = 0.13$。同时，可知 $v(\{x_1, x_2\}) = 0.78$，$v(\{x_2, x_3\}) = 0.3$，这样就可以根据 3.3.3 节的研究，计算得出知识间的关联关系及强度。如 $v(\{x_1, x_2\}) > v(\{x_1\}) + v(\{x_2\})$，$v(\{x_2, x_3\}) < v(\{x_2\}) + v(\{x_3\})$。可推出知识点 x_1 和 x_2 存在协同增强作用，关联强度为 0.46。知识点 x_2 和 x_3 存在负协同关系，接近独立关系。糊测度表征的知识权重，同时可以计算知识的全局重要度，利用 3.4.1 节的算法 2 可得 $\phi(x_1) = 0.465$，$\phi(x_2) = 0.308$，$\phi(x_3) = 0.227$。从重要度的排序结果来看，$\phi(x_1) > \phi(x_2) > \phi(x_3)$，即知识点是输入输出函数（$x_1$），浮点数（$x_2$）均较为重要，而乘法运算（$x_3$）对于完成该任务的重要度相对较弱。这与任务的考查重点相一致，能够较为准确地表征知识关联关系。

结果分析 3：通过 CHI - CDM 模型获得知识权重以此表达知识关联关系，较为准确地反映面向学习任务的知识关联关系。

本 章 小 结

本章提出了融合知识关联的认知诊断深度模型。首先，梳理了现有认知诊断深度模型，从学习者和学习任务两个方面构建了基于模糊积分的认知诊断模型框架（CHI - CDM）来融合知识关联信息，实现学习者认知状态与知识关联关系的统一表达。模型实现阶段提出了针对多个学习任务的知识权重学习算法以反映知识关联关系。该算法针对考查知识点数量相同的学习任务场景。最后，利用模糊积分深度神经网络实现知识聚合，在刻画知识关联关系的基础上构建认知诊断深度模型。本章开展了学习者的学习表现预测实验，在公开数据集和真实数据集上对模型效果进行了验证，并结合 CHI - CDM 模型的实验结果，从学习任务的知识关联关系和知识掌握程度诊断结果两方面进行了案例分析。

第 6 章　　总结与展望

　　随着大数据、人工智能技术与教育的深度融合，以及各类在线学习平台的广泛应用，教育数据挖掘近年来已成为一个发展迅速的重要研究方向，国家基金委信息学部还于2018年专门设立了信息与教育交叉学科代码 F0701。实际上，教育数据挖掘研究具有重要的意义，它是支撑智能教育、个性化学习实现"因材施教"这一根本的教育理念的重要技术。当前，在教育数据挖掘领域，吸引了来自教育、信息、心理等许多领域的学者开展研究，并在面向教育资源的自动表征理解、面向自适应的学习推荐以及面向学习者能力评估的认知诊断等多个方面取得了很好的研究成果，一些研发的技术也开始在智慧教育、个性化学习等领域得到了实际应用。

　　"因材施教"教育理念实现的一个关键是"因材"，从数据挖掘技术角度来看，就是通过学习者的学习数据对其能力与知识水平进行准确评估，即本书所研究的认知诊断方法。尽管研究者此前已经在认知诊断方面提出了模糊认知诊断模型、深度认知诊断模型等，但仍然存在着一些困难需要去解决，如在学习任务场景如何融合知识关联关系实现认知诊断模型。正是在此背景下，本书以面向学习任务的认知诊断方法为选题，从面向学习任务的知识关联关系建模、更具泛化性的认知诊断聚合方式构建，以及基于深度神经网络的认知诊断模型参数统一学习这三方面开展了研究。这些工作也有望在未来的军事教育领域问题的解决提供一种可行途径。另一方面，通过对本书研究工作的总结，也发现有一些值得进一步思考和研究的方向，如融合知识关联的认知诊断模型的进一步优化，融合多模态数据表征学习任务，融合知识关联的自适应学习推荐等，这些也是将来计划开展的研究。

　　接下来，对本书的工作做一个简要总结，然后提出下一步可能的研究方向。

6.1　研 究 总 结

　　本书深入研究了面向学习任务的认知诊断方法，从而为教育训练的分析和评估提供了一种可行的途径。本书首先针对学习任务中知识关联关系建模问题，提出了基于模糊测度的知识关联建模方法（KRFM）。相比于现有的知识关联关系建模，KRFM 建模方法强调知识关联关系的任务依赖性，进一步拓展了知识关联的研究范畴。具体地，本书首先依据认知心理学理论，划分了三种类型的知识关联关系。在此基础上，引入模糊测度构建知识关联建模方法，实现知识集合关联关系的量化表征。特别地，本书以知识关联关系表征为基础，进一步延伸研究面向学习任务的知识全局重要度以及两两知识间的交互指标。最后围绕认知诊断这一应用需求，讨论了知识关联关系嵌入认知诊断过程的方式。在合成数据集和公开的数据集上的实验结果证实了知识关联关系对认知诊断的影响；同时，对 KRFM 建模方法用于学习表现评估和知识关联预测任务的可行性和有效性进行了验证，结果表明，本书模型不仅有效提升了预测精度，也提供了更好的可解释性。

其次，针对现有认知诊断模型聚合方式泛化性弱的问题，提出了基于 Sugeno 积分的 (SI - GAM)知识聚合方法。该方法不仅可以统一表达现有的两类聚合函数，同时还将知识关联关系嵌入知识聚合过程。具体地，本书提出了 SI - GAM 方法来实现知识权重和聚合函数的表征。特别地，在该聚合方法中，依据 KRFM 建模方法表征的知识关联关系来确定知识权重，以 Sugeno 积分作为聚合函数，获得理想作答反应。然后，本书将 SI - GAM 方法与现有聚合方式进行比较，并推导证明了该方法的泛化性。此外，本书进一步论证了 SI - GAM 方法在处理认知诊断多策略问题上的优势，可以替换现有的建模方式。最后，在合成和真实数据集上分别对学习表现评估性能和参数敏感性进行了实验验证，结果证实了 SI - GAM 方法是有效和鲁棒的；此外，通过多策略问题的案例分析体现 SI - GAM 方法较好的可解释性。

最后，针对融合知识关联的认知诊断深度模型参数统一学习难的问题，本书基于模糊积分深度神经网络构建了融合知识关联的认知诊断深度模型（CHI - CDM），实现认知状态与知识权重的统一表达，更为精准地诊断学习者的认知状态、表征任务依赖的知识关联关系。具体地，本书结合认知诊断的一般过程，首先从学习者和学习任务两个维度构建了 CHI - CDM 模型框架。然后，围绕 CHI - CDM 的具体实现，通过多层神经网络获得学习者知识掌握程度；在此基础上，提出针对多个学习任务的知识权重学习算法以反映知识关联关系。最后利用模糊积分深度神经网络实现知识聚合，在刻画知识关联关系的基础上构建认知诊断深度模型。本书分别在公开数据集和实际数据集上，对 CHI - CDM 模型效果进行了验证分析，同时也对认知状态诊断及知识关联表征结果进行了可视化分析。

6.2　未来展望

随着在线学习的大规模开展，如何利用不断积累的多模态学习数据更加精准地分析学习者的学习状态，对于推动实现因材施教的个性化学习与智能教育意义深远。尽管本书在认知诊断领域进行了一些探索性的工作，但仍然有一些重要的问题及新兴的研究方向值得今后进一步探索。具体而言，未来将在以下几个方面开展进一步研究：

首先，进一步优化融合知识关联的认知诊断模型。一方面，拓展本书构建的认知诊断模型的应用范围。现有的研究仅针对相同知识点数量的学习任务进行诊断，尚未解决知识点数量不同的情况。学习任务所涉及的知识数目不同，则知识权重表征向量的长度也相应变化。每个知识子集对应的索引位置也不相同，这将为模糊积分计算带来挑战。另一方面，由于知识掌握程度的取值影响知识权重变量被访问的次数，因此无法确定数据支持哪些知识权重变量。随着知识点数目的增加，知识权重变量被访问的次数通常会变得更加稀疏，如何对这部分变量进行学习更新，同样也是具有困难的。因此，如何更为准确地表征学习知识权重以应对学习任务的复杂场景同样值得深入研究。

其次，融合多模态数据表征学习任务。教育场景，特别是军事教育场景，学习任务往往包含多模态情境数据，包括丰富的文本信息、图片信息以及所考查的知识点等。充分利用实际教育场景中的多模态数据，一方面从学习任务情境中提取文本、图片信息完善对学习任务特征（如知识关联关系）的建模，作为结果型记录数据的补充。另一方面加入学习者的答题时间、尝试次数等行为数据作为学习任务特征信息（如学习任务的难度）的一部分。有效利用不同模态间的互补信息，实现对学习任务特征的精确捕捉。在此基础上，将情境依赖的学习任务特征融入认知诊断过程，构建情境感知的认知诊断深度模型。因此，如何将多模态数据用于学习任务的建模表征，对于认知诊断模型的构建具有现实意义和应用价值。

最后，融合知识关联实现自适应学习推荐。推荐时，先根据所诊断出的知识掌握状态，确定学习者的薄弱环节（掌握程度较低的知识点），再根据知识关联关系获得知识的全局重要度、交互指标等，由此考虑不同的推荐目标（如巩固知识点、强化薄弱点、加强掌握的全面性等），设计符合学习者最近发展区的自适应推荐机制，提高推荐结果的可解释性。因此，如何融合认知状态和知识关联，促进自适应学习对实际教育场景的适配性，也是未来认知诊断应用的一个重点研究方向。

参 考 文 献

［1］　胡水星. 大数据及其关键技术的教育应用实证分析［J］. 远程教育杂志，2015，33(5)：46-53.

［2］　贺晓丽. 美国联邦大数据研发战略计划述评［J］. 行政管理改革，2019，2：85-92.

［3］　张影强，张大璐，梁鹏. 发达国家推进大数据战略的经验与启示［C］//国际经济分析
　　　与展望(2017—2018)，2018：374-385.

［4］　祝智庭，沈德梅. 基于大数据的教育技术研究新范式［J］. 电化教育研究，2013，
　　　34(10)：5-13.

［5］　黄荣怀，汪燕，王欢欢，等. 未来教育之教学新形态：弹性教学与主动学习［J］. 现代
　　　远程教育研究，2020，32(3)：3-14.

［6］　黄荣怀，虎莹，刘梦彧，等. 在线学习的七个事实：基于超大规模在线教育的启示［J］.
　　　现代远程教育研究，2021，33(3)：3-11.

［7］　中华人民共和国教育部. 国家中小学智慧教育平台累计浏览量超 7 亿［EB/OL］.
　　　(2022-04-03)［2022-10-30］. http://www. moe. gov. cn/fbh/live/2022/54324/mt-
　　　bd/202204/t20220406_614058. html.

［8］　TENNYSON R D，RASCH M. Linking cognitive learning theory to instructional
　　　prescriptions［J］. Instructional Science，1988，17(4)：369-385.

［9］　皮连生. 智育心理学［M］. 北京：人民教育出版社，1996.

［10］　中华人民共和国教育部. 教育部关于印发《高等学校人工智能创新行动计划》的通知
　　　［EB/OL］. (2018-04-03)［2022-04-02］. http://www. moe. gov. cn/srcsite/A16/
　　　s7062/201804/t20180410_332722. html.

［11］　罗照盛. 认知诊断评价理论基础［M］. 北京：北京师范大学出版社，2019.

［12］　涂冬波，蔡艳，高旭亮，等. 高级认知诊断［M］. 北京：北京师范大学出版社，2019.

［13］　WU R，LIU Q，LIU Y，et al. Cognitive modelling for predicting examinee performance
　　　［C］//Twenty-Fourth International Joint Conference on Artificial Intelligence，
　　　2015：1018－1024.

［14］　CHENG S，LIU Q，CHEN E，et al. DIRT：Deep learning enhanced item response
　　　theory for cognitive diagnosis［C］//Proceedings of the 28th ACM International
　　　Conference on Information and Knowledge Management，2019：2397-2400.

［15］　HUANG J，LIU Q，WANG F，et al. Group-Level Cognitive Diagnosis：A Multi－Task
　　　Learning Perspective［C］//2021 IEEE International Conference on Data Mining，
　　　2021：210-219.

[16] 郭朝晖，王楠，刘建设. 国内外自适应学习平台的现状分析研究[J]. 电化教育研究，2016，37(4)：55-61.

[17] SHEN D, QIN C, ZHU H, et al. Joint representation learning with relation－enhanced topic models for intelligent job interview assessment[J]. ACM Transactions on Information Systems (TOIS), 2021, 40(1)：1-36.

[18] 黄松，王崇骏，陈振宇，等. 众测理论与方法的研究进展与趋势[R]. CCF 容错计算专业委员会，2021：26-31.

[19] VAN MERRIËNBOER J J G, CLAEK R E, DE CROOCK M. Blueprints for complex learning：The 4C/ID-model[J]. Educational technology research and development, 2002, 50(2)：39-61.

[20] BYGATE M, SKEHAN P, SWAIN M. Researching pedagogic tasks：Second language learning, teaching, and testing[M]. London：Routledge, 2013.

[21] 马勋雕，解月光，庞敬文. 智慧课堂中学习任务的构成要素及设计过程模型研究[J]. 中国电化教育，2019(4)：29-35.

[22] 钟志贤，刘春燕. 论学习环境设计中的任务、情境与问题概念[J]. 电化教育研究，2006(3)：16-21.

[23] 朱哲民，张华华. 认知诊断自适应测试的应用与展望[J]. 中国考试，2021(1)：41-45.

[24] 中华人民共和国国防部. 习近平出席全军院校长集训开班式并发表重要讲话[EB/OL]. (2019-11-27)[2022-04-02]. http：//www. mod. gov. cn/shouye/2019/11/27/content_4855720. htm.

[25] 胡晓峰，齐大伟. 智能决策问题探讨：从游戏博弈到作战指挥，距离还有多远[J]. 指挥与控制学报，2020，6(4)：356-363.

[26] 李宇帆，张会福，刘上力，等. 教育数据挖掘研究进展[J]. 计算机工程与应用，2019，55(14)：15-23.

[27] BISHOP C M. Neural networks for pattern recognition [J]. Agricultural Engineering International the Cigr Journal of Scientific Research & Development Manuscript Pm, 1995, 12(5)：1235-1242.

[28] SPECHT D F. A general regression neural network [J]. IEEE Transactions on Neural Networks, 1991, 2(6)：568-576.

[29] LECUN Y, BENGIO Y, HINTON G. Deep learning[J]. Nature, 2015, 521(7553)：436-444.

[30] WANG L, SY A, LIU L, et al. Learning to represent student knowledge on programming exercises using deep learning[C]//International Educational Data Mining Society, 2017：324-329.

［31］ FRIEDMAN N，GEIGER D，GOLDSZMIDT M. Bayesian network classifiers［J］. Machine Learning，1997，29（2）：131-163.

［32］ KÄSER T，KLINGLER S，SCHWING A G，et al. Dynamic Bayesian networks for student modeling［J］. IEEE Transactions on Learning Technologies，2017，10（4）：450-462.

［33］ WANG X，HUANG C，CAI J，et al. Using knowledge concept aggregation towards accurate cognitive diagnosis［C］//Proceedings of the 30th ACM International Conference on Information & Knowledge Management，2021：2010-2019.

［34］ TORRE J，MINCHEN N. Cognitively diagnostic assessments and the cognitive diagnosis model framework［J］. Psicología Educativa，2014，20（2）:89-97.

［35］ SU Y，LIU Q，HUANG Z，et al. Exercise-enhanced sequential modeling for student performance prediction［C］//Proceedings of the AAAI Conference on Artificial Intelligence，2018，32（1）：2435-2443.

［36］ LONG X，GAN C，MELO G，et al. Multimodal keyless attention fusion for video classification［C］//Proceedings of the AAAI Conference on Artificial Intelligence. 2018，32（1）：7202-7209.

［37］ KIM D，PARK C，OH J，et al. Deep hybrid recommender systems via exploiting document context and statistics of items［J］. Information Sciences，2017，417：72-87.

［38］ WU Z，HE T，MAO C，et al. Exam paper generation based on performance prediction of student group［J］. Information Sciences，2020，532（9）：72-90.

［39］ ZHOU Y，HUANG C，HU Q，et al. Personalized learning full-path recommendation model based on LSTM neural networks［J］. Information Sciences，2018，444：135-152.

［40］ 刘邦奇，张金霞，胡健，等. 智能＋教育:产业现状，热点及发展趋势——2020 年中国智能教育产业发展研究［J］. 电化教育研究，2021，42（11）:55-62.

［41］ 刘淇，汪飞，王新. 教育资源的深度表征与智能应用［J］. 人工智能，2019（3）：44-54.

［42］ YIN Y，LIU Q，HUANG Z，et al. Quesnet:A unified representation for heterogeneous test questions［C］//Proceedings of the 25th ACM SIGKDD International Conference on Knowledge Discovery & Data Mining，2019：1328-1336.

［43］ 黄仔. 基于多模态学习的试题建模方法与应用研究［D］. 合肥:中国科学技术大学，2019:36-40.

［44］ 吴凡. 面向 2030 的教育质量：核心理念与保障模式:基于联合国教科文组织等政策报告的文本分析［J］. 教育研究，2018，39（1）：132-141.

[45] PETERS M E，NEUMANN M，IYYER M，et al. Deep contextualized word representations[C]//Proceedings of the 2018 Conference of the North American Chapter of the Association for Computational Linguistics：Human Language Technologies，Volume 1. New Orleans，USA，2018：2227-2237.

[46] HUANG W，CHEN E，LIU Q，et al. Hierarchical multi-label text classification：an attention-based recurrent network approach[C]//Proceedings of the 28th ACM International Conference on Information and Knowledge Management，2019：1051-1060.

[47] YIN Y，HUANG Z，CHEN E，et al. Transcribing content from structural images with spotlight mechanism[C]//Proceedings of the 24th ACM SIGKDD International Conference on Knowledge Discovery & Data Mining，2018：2643-2652.

[48] HUANG Z，LIU Q，CHEN E，et al. Question difficulty prediction for reading problems in standard tests[C]//Thirty-First AAAI Conference on Artificial Intelligence，2017：1352-1359.

[49] LIU Q，HUANG Z，HUANG Z，et al. Finding similar exercises in online education systems[C]//Proceedings of the 24th ACM SIGKDD International Conference on Knowledge Discovery & Data Mining，2018：1821-1830.

[50] WANG L，ZHANG D，Gao L，et al. MathDQN：solving arithmetic word problems via deep reinforcement learning[C]//Proceedings of the AAAI Conference on Artificial Intelligence，2018，32(1)：5545-5552.

[51] FAN Y，DONG L，SUN X，et al. Research on auto-generating test-paper model based on spatial-temporal clustering analysis[C]//International Conference on Intelligent Computing. Springer，Cham，2018：526-535.

[52] BULATHEELA S，PEREZ-ORTIZ M，YILMAZ E，et al. TrueLearn：a family of Bayesian algorithms to match lifelong learners to open educational resources[C]//Proceedings of the AAAI Conference on Artificial Intelligence，2020，34(1)：565-573.

[53] 王超，刘淇，陈恩红，等. 面向大规模认知诊断的 DINA 模型快速计算方法研究[J]. 电子学报，2018，46(5)：26-34.

[54] PARDOS Z A，FAN Z，JIANG W. Connectionist recommendation in the wild：on the utility and scrutability of neural networks for personalized course guidance[J]. User modeling and user-adapted interaction，2019，29(2)：487-525.

[55] JIANG W, PARDOS Z A, WEI Q. Goal-based course recommendation[C]//Proceedings of the 9th International Conference on Learning Analytics & Knowledge, 2019: 36-45.

[56] ZHU H, TIAN F, WU K, et al. A multi-constraint learning path recommendation algorithm based on knowledge map[J]. Knowledge-Based Systems, 2018, 143: 102-114.

[57] YU Z, NAKAMURA Y, JANG S, et al. Ontology-based semantic recommendation for context-aware e-learning[C]//International Conference on Ubiquitous Intelligence and Computing. Springer, Berlin, Heidelberg, 2007: 898-907.

[58] LIU Q, TONG S, LIU C, et al. Exploiting cognitive structure for adaptive learning [C]//The 25th ACM SIGKDD International Conference, 2019: 627-635.

[59] HUANG Z, LIU Q, ZHAI C, et al. Exploring multi-objective exercise recommendations in online education systems[C]//Proceedings of the 28th ACM International Conference on Information and Knowledge Management, 2019: 1261-1270.

[60] 辛涛. 心理测量学:发展、实践与挑战[EB/OL]. (2021-09-02)[2022-04-09]. http://news.cssn.cn/zx/bwyc/202109/t20210902_5357133.shtml.

[61] 陈恩红,刘淇,王士进,等. 面向智能教育的自适应学习关键技术与应用[J]. 智能系统学报,2021,16(5):886-898.

[62] CHENG Y, LI M, CHEN H, et al. Neural cognitive modeling based on the importance of knowledge point for student performance prediction[C]//2021 16th International Conference on Computer Science & Education (ICCSE). IEEE, 2021: 495-499.

[63] ZHANG S, LIU J, HUANG S, et al. Study of priority recommendation method based on cognitive diagnosis model[C]//International Conference of Pioneering Computer Scientists, Engineers and Educators. Springer, Singapore, 2020: 638−647.

[64] YANG J, CHANG H H, TAO J, et al. Stratified item selection methods in cognitive diagnosis computerized adaptive testing[J]. Applied Psychological Measurement, 2020, 44(5): 346-361.

[65] EMBRETSON S E, REISE S P. Item response theory[M]. New York: Psychology Press, 2013.

[66] DE LA TORRE J. DINA model and parameter estimation: a didactic[J]. Journal of Educational and Behavioral Statistics, 2009, 34(1): 115-130.

［67］　CHANG H H，WANG C，ZHANG S. Statistical applications in educational measurement［J］. Annual Review of Statistics and Its Application，2021，8：439-461.

［68］　涂冬波，蔡艳，丁树良. 认知诊断理论［M］. 北京：北京师范大学出版社，2021.

［69］　CUI Y，GIERL M，GUO Q. Statistical classification for cognitive diagnostic assessment：an artificial neural network approach［J］. Educational Psychology，2016，36(6)：1065-1082.

［70］　GUO Q，CUTUMISU M，CUI Y. A neural network approach to estimate student skill mastery in cognitive diagnostic assessments［C］// Proceedings of the 10th International Conference on Educational Data Mining Educational Data Mining，2017：370-371.

［71］　XUE K. Computational diagnostic classification model using deep feedforward network based semi-supervised learning［C］// 25th ACM SIGKDD Conference on Knowledge Discovery and Data Mining Workshop on Deep Learning for Education. ACM，2019：1-11.

［72］　孙小晴. 基于 GRU 神经网络的认知诊断模型研究［D］. 哈尔滨：哈尔滨师范大学，2021：16-23.

［73］　LIU Q. Towards a New Generation of Cognitive Diagnosis［C］// Thirtieth International Joint Conference on Artificial Intelligence，2021：4961-4964.

［74］　LIU Q，WU R，CHEN E，et al. Fuzzy cognitive diagnosis for modelling examinee performance［J］. ACM Transactions on Intelligent Systems，2018，9(4)：296-321.

［75］　WANG F，LIU Q，CHEN E，et al. Neural cognitive diagnosis for intelligent education systems［C］//Proceedings of the AAAI Conference on Artificial Intelligence，2020，34(4)：6153-6161.

［76］　GAO L，ZHAO Z，LI C，et al. Deep cognitive diagnosis model for predicting students' performance［J］. Future Generation Computer Systems，2022，126：252-262.

［77］　GAO W，LIU Q，HUANG Z，et al. RCD：relation map driven cognitive diagnosis for intelligent education systems［C］//Proceedings of the 44th International ACM SIGIR Conference on Research and Development in Information Retrieval，2021：501-510.

［78］　ZHOU Y，LIU Q，WU J，et al. Modeling context-aware features for cognitive diagnosis in student learning［C］//Proceedings of the 27th ACM SIGKDD Conference on Knowledge Discovery & Data Mining，2021：2420-2428.

［79］　TONG S，LIU Q，YU R，et al. Item response ranking for cognitive diagnosis［C］// Proceedings of the Thirtieth International Joint Conference on Artificial Intelligence，2021：1750-1756.

[80] WU J, LIU Q, HUANG Z, et al. Hierarchical personalized federated learning for user modeling[C]//Proceedings of the Web Conference 2021, 2021: 957-968.

[81] PIECH C, SPENCER J, HUANG J, et al. Deep knowledge tracing[J]. Computer Science, 2015, 3(3):19-23.

[82] CHEN P, YU L, ZHENG V W, et al. Prerequisite-driven deep knowledge tracing[C]// 2018 IEEE International Conference on Data Mining (ICDM). IEEE, 2018:39-48.

[83] ZHANG J, SHI X, KING I, et al. Dynamic key-value memory networks for knowledge tracing[C]//Proceedings of the 26th International Conference on World Wide Web, 2017: 765-774.

[84] SHEN S, LIU Q, CHEN E, et al. Convolutional knowledge tracing: modeling individualization in student learning process[C]//Proceedings of the 43rd International ACM SIGIR Conference on Research and Development in Information Retrieval, 2020: 1857-1860.

[85] SHIN D, SHIN Y, YU H, et al. Saint+: Integrating temporal features for EdNet correctness prediction[C]//LAK21: 11th International Learning Analytics and Knowledge Conference, 2021: 490-496.

[86] GHOSH A, HEFFERNAN N, LAN A S. Context-aware attentive knowledge tracing [C]//Proceedings of the 26th ACM SIGKDD International Conference on Knowledge Discovery & data mining, 2020: 2330-2339.

[87] CHEN P, LU Y, ZHENG V W, et al. Prerequisite-driven deep knowledge tracing[C]// 2018 IEEE International Conference on Data Mining (ICDM). IEEE, 2018: 39-48.

[88] WANG Z, FENG X, TANG J, et al. Deep knowledge tracing with side information [C]//International Conference on Artificial Intelligence in Education. Springer, Cham, 2019: 303-308.

[89] NAKAGAWA H, IWASAWA Y, MATSUO Y. Graph-based knowledge tracing: modeling student proficiency using graph neural network[C]//2019 IEEE/WIC/ ACM International Conference On Web Intelligence (WI). IEEE, 2019: 156-163.

[90] TATSUOKA, KIKUMI K. Architecture of knowledge structures and cognitive diagnosis: a statistical pattern recognition and classification approach[J]. Cognitively Diagnostic Assessment, 1995: 327-359.

[91] TORRE J. The generalized DINA model framework[J]. Psychometrika, 2011, 76(2): 179-199.

[92] LEI GUO, YU, et al. Cognitive diagnostic assessment with different weight for attribute: based on the DINA model[J]. Psychological Reports, 2014, 114(3): 802-822.

［93］ ［美］SLAVIN，R.E. 教育心理学理论与实践［M］. 7 版. 北京：北京大学出版社，2004：45-69.

［94］ PARDOS Z，HEFFERNAN N，RUIZ C，et al. The composition effect：Conjunctive or compensatory? An analysis of multi-skill math questions in ITS［C］//Educational Data Mining 2008，2008：147-155.

［95］ TORRE J，DOUGLAS J A . Model evaluation and multiple strategies in cognitive diagnosis：an analysis of fraction subtraction data［J］. Psychometrika，2008，73（4）：595-624，333.

［96］ MA W，GUO W. Cognitive diagnosis models for multiple strategies［J］. British Journal of Mathematical and Statistical Psychology，2019，72（2）：370-392.

［97］ WANG D，CAI Y，TU D. Q-matrix estimation methods for cognitive diagnosis models：based on partial known Q-matrix［J］. Multivariate Behavioral Research，2020：1-13.

［98］ RUMELHART D E . The architecture of mind ：a connectionist approach［J］. Foundations of Cognitive Science，1989.

［99］ SIEMENS G . Connectivism：a learning theory for the digital age［C］// International Journal of Instructional Technology & Distance Learning，2005：1-7.

［100］ LEIGHTON J P，GIERL M J，HUNKA S M. The attribute hierarchy method for cognitive assessment：a variation on Tatsuo Ka's Rule-space approach. Journal of educational measurement，2004，41（3）：205-237.

［101］ CHEN P，LU Y，ZHENG V W，et al. Prerequisite-driven deep knowledge tracing ［C］//2018 IEEE International Conference on Data Mining （ICDM）. IEEE，2018：39-48.

［102］ SHANG Y，SHI H，CHEN S S. An intelligent distributed environment for active learning［J］. Journal on Educational Resources in Computing （JERIC），2001，1（2es）：4-es.

［103］ WANG Z，FENG X，TANG J，et al. Deep knowledge tracing with side information ［C］//International Conference on Artificial Intelligence in Education. Springer，Cham，2019：303-308.

［104］ HUANG X，LIU Q，WANG C，et al. Constructing educational concept maps with multiple relationships from multi-source data［C］//2019 IEEE International Conference on Data Mining （ICDM）. IEEE，2019：1108-1113.

［105］ RECKASE M D. The past and future of multidimensional item response theory ［J］. Applied Psychological Measurement，1997，21（1）：25-36.

［106］ 康春花，辛涛. 测验理论的新发展：多维项目反应理论［J］. 心理科学进展，2010（3）：
530-536.

［107］ 陆璐，赵少勇，张年宽. 认知诊断测评的研究述评及展望［J］. 考试研究，2020，16（4）：
60-68.

［108］ DE LA TORRE J，DOUGLAS J A. Higher-order latent trait models for cognitive
diagnosis［J］. Psychometrika，2004，69（3）：333-353.

［109］ MUROFUSHI T，SUGENO M. Fuzzy measures and fuzzy integrals［J］. Fuzzy
Measures and Integrals：Theory and Applications，2000：3-41.

［110］ BELIAKOV G，DIVAKOV D. On representation of fuzzy measures for learning
Choquet and Sugeno integrals［J］. Knowledge-Based Systems，2020，189：105134.

［111］ SUGENO M. Theory of fuzzy integrals and its applications［J］. Tokyo Institute of
technology，1974（1）：1-134.

［112］ BELIAKOV G，WU J Z. Learning fuzzy measures from data：simplifications and
optimisation strategies［J］. Information Sciences，2019，494：100-113.

［113］ BELIAKOV G，DIVAKOV D. Fitting Sugeno integral for learning fuzzy measures using
PAVA isotone regression［J］. International Journal of Intelligent Systems，2019，
34（11）：2863-2871.

［114］ GRABISCH M，NGUYEN H T，Walker E A. Fundamentals of uncertainty calculi with
applications to fuzzy inference ［M］. Berlin：Springer Science & Business
Media，2013.

［115］ KELLER J M，OSBORN J. Training the fuzzy integral［J］. International Journal
of Approximate Reasoning，1996，15（1）：1-24.

［116］ MENDEZ V A，GADER P. Sparsity promotion models for the Choquet integral
［C］//2007 IEEE Symposium on Foundations of Computational Intelligence. IEEE，
2007：454-459.

［117］ ISLAM M A，ANDERSON D T，PINAR A J，et al. Data-driven compression and
efficient learning of the Choquet integral［J］. IEEE Transactions on Fuzzy Systems，
2017，26（4）：1908-1922.

［118］ SUGENO M. Fuzzy measure and fuzzy integral［J］. Transactions of the Society of
Instrument and Control Engineers，1972，8（2）：218-226.

［119］ PINAR A J，HAVENS T C，ISLAM M A，et al. Visualization and learning of
the Choquet integral with limited training data［C］// IEEE International Conference on

Fuzzy Systems. IEEE，2017：1-6.

[120] MELIN P，MENDOZA O，CASTILLO O. Face recognition with an improved interval type-2 fuzzy logic Sugeno integral and modular neural networks[J]. IEEE Transactions on Systems，Man，and Cybernetics，Part A：Systems and Humans，2011，41(5)：1001-1012.

[121] TAHANI H，KELLER J M. Information fusion in computer vision using the fuzzy integral[J]. IEEE Transactions on Systems，Man，and Cybernetics，1990，20(3)：733-741.

[122] GRABISCH M. Fuzzy integral for classification and feature extraction[J]. Fuzzy Measures and Integrals：Theory and Applications，2000，1：415-434.

[123] MENDEZ V A，GADER P，KELLER J M，et al. Minimum classification error training for Choquet integrals with applications to landmine detection[J]. IEEE Transactions on Fuzzy Systems，2008，16(1)：225-238.

[124] YANG R，WANG Z，HENG P A，et al. Classification of heterogeneous fuzzy data by Choquet integral with fuzzy-valued integrand[J]. IEEE Transactions on Fuzzy Systems，2007，15(5)：931-942.

[125] BELIAKOV G，JAMES S，LI G. Learning Choquet-integral-based metrics for semisupervised clustering[J]. IEEE Transactions on Fuzzy Systems，2011，19(3)：562-574.

[126] GADER P D，KELLER J M，NELSON B N. Recognition technology for the detection of buried land mines[J]. IEEE Transactions on Fuzzy Systems，2001，9(1)：31-43.

[127] GRABISCH M. The application of fuzzy integrals in multicriteria decision making [J]. European Journal of Operational Research，1996，89(3)：445-456.

[128] ANGILELLA S，GRECO S，MATARAZZO B. Non-additive robust ordinal regression：a multiple criteria decision model based on the Choquet integral[J]. European Journal of Operational Research，2010，201(1)：277-288.

[129] ANGILELLA S，CORRENTE S，GRECO S. Stochastic multiobjective acceptability analysis for the Choquet integral preference model and the scale construction problem [J]. European Journal of Operational Research，2015，240(1)：172-182.

[130] PINAR A J，RICE J，HU L，et al. Efficient multiple kernel classification using feature and decision level fusion[J]. IEEE Transactions on Fuzzy Systems，2016，

25(6)：1403-1416.

[131] BENGIO Y . Learning deep architectures for AI[J]. Foundations & Trends in Machine Learning, 2009, 2(1)：1-127.

[132] WU M, MOSSE M, GOODMAN N, et al. Zero shot learning for code education：rubric sampling with deep learning inference[C]//Proceedings of the AAAI Conference on Artificial Intelligence，2019，33(1)：782-790.

[133] OKUBO F, YAMASHITA T, SHIMADA A, et al. A neural network approach for students' performance prediction[C]//Proceedings of the Seventh International Learning Analytics & Knowledge Conference. New York：ACM, 2017：598-599.

[134] WANG L, SY A, LIU L, et al. Deep knowledge tracing on programming exercises [C]//Proceedings of the Fourth(2017)ACM Conference on Learning@ Scale. New York：ACM，2017：201-204.

[135] SMITH A, MIN W, MOTT B W, et al. Diagrammatic student models：modeling student drawing performance with deep learning[C]//International Conference on User Modeling, Adaptation, and Personalization. Cham：Springer，2015：216-227.

[136] GUO X, HUANG Z, GAO J, et al. Enhancing knowledge tracing via adversarial train-ing[C]//Proceedings of the 29th ACM International Conference on Multimedia，2021：367-375.

[137] SHEN S, LIU Q, CHEN E, et al. Convolutional knowledge tracing：modeling individualization in student learning process[C]//Proceedings of the 43rd International ACM SIGIR Conference on Research and Development in Information Retrieval，2020：1857-1860.

[138] SHIN D, SHIM Y, YU H, et al. Saint＋：Integrating temporal features for EdNet correctness prediction[C]//LAK21：11th International Learning Analytics and Knowledge Conference，2021：490-496.

[139] 王佑镁，祝智庭. 从联结主义到联通主义：学习理论的新取向[J]. 中国电化教育，2006，3(5)：5-9.

[140] 钟卓，唐烨伟，钟绍春，等. 人工智能支持下教育知识图谱模型构建研究[J]. 电化教育研究，2020，41(4)：62-70.

[141] PIAGET, JEAN. The equilibration of cognitive structures：the central problem of intellectual development[M]. Chicago：University of Chicago Press，1985.

[142] WOODWORTH R S, THORNDIKE E L. The influence of improvement in one

mental function upon the efficiency of other functions（I）［J］. Psychological Review，1901，8（3）：247.

[143]　徐显龙，周知恂，嵇云，等. 基于 4C/ID 模型的复杂技能综合学习设计及成效［J］. 中国电化教育，2019（10）：124-131.

[144]　［美］理查德·E. 梅耶. 应用学习科学［M］. 盛群力，丁旭，钟丽佳，译. 中国轻工业出版社，2019.

[145]　MENG L，ZHANG M，ZHANG W，et al. CS－BKT：introducing item relationship to the Bayesian knowledge tracing model［J］. Interactive Learning Environments，2019，29（8）：1393-1403.

[146]　WILSON B G. Reflections on constructivism and instructional design［J］. Instructional Development Paradigms，1997（1）：63-80.

[147]　DOWNES S . Recent Work in Connectivism［J］. European Journal of Open，Distance and E-Learning，2020，22（2）：113-132.

[148]　PIAGET J. The equilibration of cognitive structures：the central problem of intellectual development［M］. Chicago University of Chicago press，1985.

[149]　PINAR W F，REYNOLDS W M，TAUBMAN P M，et al. Understanding curriculum：an introduction to the study of historical and contemporary curriculum discourses［M］. Bern：Peter Lang，1995.

[150]　GIERL M J，LEIGHTON J P，HUNKA S. Using the attribute hierarchy method to make diagnostic inferences about examinees' cognitive skills［J］. Cognitive Diagnostic Assessment for Education：Theory and Applications，2007：242-274.

[151]　YANG Y，LIU H，CARBONALL J，et al. Concept graph learning from educational data［C］//Proceedings of the Eighth ACM International Conference on Web Search and Data Mining，2015：159-168.

[152]　LIANG C，YE J，WU Z，et al. Recovering concept prerequisite relations from university course dependencies［C］//Thirty-First AAAI Conference on Artificial Intelligence，2017：4786-4791.

[153]　ROY S，MADHYASTHA M，LAWRENCE S，et al. Inferring concept prerequisite relations from online educational resources［C］//Proceedings of the AAAI Conference on Artificial Intelligence，2019，33（01）：9589-9594.

[154]　石向实. 论皮亚杰的图式理论［J］. 内蒙古社会科学，1994（3）：11-16.

[155]　祁小梅. 奥苏贝尔认知结构与迁移理论及教学［J］. 黑龙江高教研究，2004（5）：99-100.

[156] MORALES M GE，TREJO Q J，et al. Chronometric constructive cognitive learning evaluation model：measuring the construction of the human cognition schema of psychology students[J]. International Journal of Learning，Teaching and Educational Research，2021，20(2)：1-21.

[157] KALYUGA S. Schema acquisition and sources of cognitive load[M]London：Cogntive Load Theory Cambridge University Press，2010.

[158] DOWNES S. An Introduction to Connective Knowledge[J]. Stephen's Web Retrieved December，2008：1-25.

[159] 王怀波，陈丽. 网络化知识的内涵解析与表征模型构建[J]. 中国远程教育，2020 (5)：10-17.

[160] 余晓晗，徐泽水，刘守生，等. 复合打击下的火力分配方案评估[J]. 系统工程与电子技术，2014，36(1)：84-89.

[161] BELIAKOV G，PRADERA A，CALVO T. Aggregation functions：a guide for practitioners[M]. Heidelberg：Springer，2007：92-93.

[162] KAKULA S K，PINAR A J，HAVENS T C，et al. Online sequential learning of fuzzy measures for Choquet integral fusion[C]//2021 IEEE International Conference on Fuzzy Systems. IEEE，2021：1-6.

[163] MURILLO J，GUILLAUME S，BULACIO P. k-maxitive fuzzy measures：a scalable approach to model interactions[J]. Fuzzy Sets and Systems，2017，324：33-48.

[164] MURRAY B，ISLAM M A，PINAR A J，et al. Explainable ai for understanding decisions and data-driven optimization of the Choquet integral[C]//2018 IEEE International Conference on Fuzzy Systems (FUZZ—IEEE). IEEE，2018：1-8.

[165] MUROFUSHI T，SONEDA S. Techniques for reading fuzzy measures (III)：interaction index[C]//9th Fuzzy System Symposium，1993：693-696.

[166] GRABISCH M. The representation of importance and interaction of features by fuzzy measures[J]. Pattern Recognition Letters，1996，17(6)：567-575.

[167] GIERL M J. Making diagnostic inferences about cognitive attributes using the rule space model and attribute hierarchy method[J]. Journal of Educational Measurement，2007，44(4)：325-340.

[168] ISLAM M A，ANDERSON D T，Pinar A J，et al. Enabling explainable fusion in deep learning with fuzzy integral neural networks[J]. IEEE Transactions on Fuzzy Systems，2019，28(7)：1291-1300.

[169] KAYA Y, LEITA W L. Assessing change in latent skills across time with longitudinal cognitive diagnosis modeling: an evaluation of model performance[J]. Educational and Psychological Measurement, 2017, 77(3): 369-388.

[170] FENG Y, HABING B T, HUEBNER A. Parameter estimation of the reduced RUM using the EM algorithm[J]. Applied Psychological Measurement, 2014, 38(2): 137-150.

[171] 涂冬波, 蔡艳, 戴海琦, 等. 一种多策略认知诊断方法: MSCD方法的开发[J]. 心理学报, 2012, 44(011):1547-1553.

[172] MA W. A diagnostic tree model for polytomous responses with multiple strategies[J]. British Journal of Mathematical and Statistical Psychology, 2019, 72(1): 61-82.

[173] BROOKS S. Markov chain Monte Carlo method and its application[J]. Journal of the Royal Statistical Society, 2010, 47(1):69-100.

[174] PIECH C, SPENCER J, HUANG J, et al. Deep knowledge tracing[J]. Computer Science, 2015, 3(3): 19-23.

[175] GAO W, LIU Q, HUANG Z, et al. RCD: relation map driven cognitive diagnosis for intelligent education systems[C]//Proceedings of the 44th International ACM SIGIR Conference on Research and Development in Information Retrieval, 2021: 501-510.

[176] GLOROT X, BENGIO Y. Understanding the difficulty of training deep feedforward neural networks[C]//Proceedings of the Thirteenth International Conference on Artificial Intelligence and Statistics. JMLR Workshop and Conference Proceedings, 2010: 249-256.